高等学校化学实验
系列教材

HUAXUE ZHUANYE SHIYAN

化学专业实验

主 编 所艳华 隋欣 李丽丽

高等教育出版社·北京

内容提要

　　本书包含29个实验项目,分为五个类别:结构化学、配位化学、胶体化学、催化化学、材料化学。本书实验内容涉及知识范围广泛,旨在使学习者在化学学科层面上学会运用化学方法解决具体问题。本书可作为化学专业的专业实验教材使用,也可以作为其他相关专业的化学综合实验的参考书。

图书在版编目(ＣＩＰ)数据

　　化学专业实验/所艳华,隋欣,李丽丽主编.－－北京:高等教育出版社,2022.10
　　ISBN 978-7-04-058202-4

　　Ⅰ.①化…　Ⅱ.①所…　②隋…　③李…　Ⅲ.①化学实验-高等学校-教材　Ⅳ.①O6-3

　　中国版本图书馆 CIP 数据核字(2022)第 025806 号

HUAXUE ZHUANYE SHIYAN

策划编辑　刘　佳		责任编辑　刘　佳		封面设计　王　鹏	版式设计　杨　树
责任绘图　邓　超		责任校对　窦丽娜		责任印制　赵义民	

出版发行	高等教育出版社	网　　址　http://www.hep.edu.cn
社　　址	北京市西城区德外大街4号	http://www.hep.com.cn
邮政编码	100120	网上订购　http://www.hepmall.com.cn
印　　刷	北京中科印刷有限公司	http://www.hepmall.com
开　　本	787mm×1092mm　1/16	http://www.hepmall.cn
印　　张	9.25	
字　　数	220 千字	版　　次　2022 年10月第 1 版
购书热线	010-58581118	印　　次　2022 年10月第 1 次印刷
咨询电话	400-810-0598	定　　价　18.60 元

本书如有缺页、倒页、脱页等质量问题,请到所购图书销售部门联系调换
版权所有　侵权必究
物 料 号　58202-00

前　　言

　　实验教学是培养学生创新意识和创新能力，培养学生科学的精神、道德和作风及心智技能和动作技能的不可缺少的重要环节，又因为化学科学是实验性科学，在化学专业课中实验学时占很大的比重，因此，编好化学专业实验教材非常重要。编者根据化学科学的发展趋势和我校化学专业的专业方向，遵循"少而精"和"因材施教"的教学原则，精选出迁移力强和适应性强的典型实验，并且把几门专业课的实验统编于一书，方便教师，方便学生，有利于各门课程知识间的渗透和融合。

　　因为无机化学实验、有机化学实验、物理化学实验、分析化学实验和仪器分析化学实验是本课程的前置课，所以本书的起点较高，使学生在原有的基础上进行深入一层的学习。结合化学专业理论课，本书将选编的实验分为五个部分，即结构化学（所艳华、姬磊）、配位化学（所艳华、李丽丽）、胶体化学（隋欣、李丽丽）、催化化学（张微、所艳华）、材料化学（苑丹丹、所艳华、艾立玲、王欢）。所选编的实验不仅具有广泛性，而且具有启发性、探索性、研究性和创新性，其中部分实验反映了当前化学与其他相关学科的前沿。在教学中要充分利用这些特点，以得到更好的教学效果。在安排教学计划时，根据理论课教学的进度可将这些实验安排在大学三年级下学期和四年级上学期两段时间开设，并且按需要打破部分的划分。

　　本书由东北石油大学所艳华、上海信息技术学校隋欣、东北石油大学李丽丽担任主编，王欢教授担任主审，张微、艾立玲、姬磊、苑丹丹参加了部分编写工作。汪颖军教授、毛国梁教授对本书的编写给予了热情的支持和帮助，在此谨向他们致以衷心的敬意和感谢。

　　一定会有更好、更适应化学专业的实验没有被编入教材，希望读者和同行大力推荐，以便再版时调整。本书涉及多方面知识和多种实验技术，由于编者水平有限，不妥和错误之处在所难免，希望读者不吝指正。

编者

2021 年 9 月

目 录

第一部分

结 构 化 学

实验一　配合物的磁化率测定

实验目的

1. 通过测定一些配合物的磁化率,推算其不成对电子数,判断这些分子的配键类型。
2. 掌握古埃(Gouy)磁天平法测定物质磁化率的基本原理和实验方法。

实验基本原理

一、基本原理

在外磁场的作用下,物质会被磁化产生附加磁感应强度,则物质内部的磁感应强度为

$$B = B_0 + B' = \mu_0 H + B' \tag{1-1-1}$$

式中 B_0 为外磁场的磁感应强度;B' 为物质磁化产生的附加磁感应强度;H 为外磁场的磁场强度;μ_0 为真空磁导率,其数值等于 $4\pi \times 10^{-7}$ H·m^{-1}。

物质的磁化程度可用磁化强度 M 来描述,M 是一个矢量,它与磁场强度 H 成正比:

$$M = \chi H \tag{1-1-2}$$

式中 χ 为物质体积磁化率,是物质的一种宏观磁性质。B' 与 M 的关系为

$$B' = \mu_0 M = \chi \mu_0 H \tag{1-1-3}$$

将式(1-1-3)代入式(1-1-1)得

$$B = (1 + \chi)\mu_0 H = \mu \mu_0 H \tag{1-1-4}$$

式中 μ 称为物质的(相对)磁导率。

化学上常用质量磁化率 χ_m 或摩尔磁化率 χ_M 来表示物质的磁性质,它们的定义为

$$\chi_m = \frac{\chi}{\rho} \tag{1-1-5}$$

$$\chi_M = M \cdot \chi_m = \frac{M \cdot \chi}{\rho} \tag{1-1-6}$$

式中 ρ 为物质的密度；M 为物质的摩尔质量。χ_m 的单位是 $m^3 \cdot kg^{-1}$，χ_M 的单位是 $m^3 \cdot mol^{-1}$。

二、物质的磁化现象

物质的原子、分子或离子在外磁场作用下的磁化现象有三种情况。第一种情况是物质本身并不呈现磁性，但由于它内部的电子轨道运动，在外磁场作用下会产生拉莫尔进动，感应出一个诱导磁矩来，表现为一个附加磁场。诱导磁矩的方向与外磁场相反，其磁化强度与外磁场强度成正比，并随着外磁场的消失而消失，这类物质称为逆磁性物质，其 $\mu < 1$，$\chi_M < 0$。

第二种情况是物质的原子、分子或离子本身具有永久磁矩 μ_m，由于热运动永久磁矩指向各个方向的机会相同，所以该磁矩的统计值等于零。但它在外磁场作用下，一方面永久磁矩会顺着外磁场方向排列，其磁化方向与外磁场相同，其磁化强度与外磁场强度成正比；另一方面物质内部的电子轨道运动也会产生拉莫尔进动，其磁化方向与外磁场相反。因此这类物质在外磁场下表现的附加磁场是上述两者作用的总结果，具有永久磁矩的物质称为顺磁性物质。显然，此类物质的摩尔磁化率 χ_M 是摩尔顺磁化率 χ_μ 和摩尔逆磁化率 χ_0 两部分之和，即

$$\chi_M = \chi_\mu + \chi_0 \tag{1-1-7}$$

但由于 $\chi_\mu \gg |\chi_0|$，故顺磁性物质的 $\mu > 1$，$\chi_M > 0$，可以近似地把 χ_μ 当作 χ_M，即

$$\chi_M \approx \chi_\mu \tag{1-1-8}$$

第三种情况是物质被磁化的强度与外磁场强度之间不存在正比关系，而是随着外磁场强度的增加而剧烈增强。当外磁场消失后，这种物质的磁性并不消失，呈现出滞后的现象，这种物质称为铁磁性物质。

三、相关的定量关系

假定分子间无相互作用，应用统计力学的方法，可以导出摩尔顺磁化率 χ_μ 和永久磁矩 μ_m 之间的定量关系为

$$\chi_\mu = \frac{L \mu_m^2 \mu_0}{3kT} = \frac{C}{T} \tag{1-1-9}$$

式中 L 为阿伏加德罗常数；k 为玻耳兹曼常数；T 为热力学温度。物质的摩尔顺磁化率与热力学温度成反比这一关系，是居里（Curie）在实验中首先发现的，所以该式称为居里定律，C 称为居里常数。

分子的摩尔逆磁化率 χ_0 是由诱导磁矩产生的，它与温度的依赖关系很小。因此具有永久磁矩物质的摩尔磁化率 χ_M 与磁矩间的关系为

$$\chi_M = \chi_0 + \frac{L \mu_m^2 \mu_0}{3kT} \approx \frac{L \mu_m^2 \mu_0}{3kT} \tag{1-1-10}$$

该式将物质的宏观物理性质（χ_M）和其微观性质（μ_m）联系起来，因此只要实验测得 χ_M，代入式（1-1-10）就可算出永久磁矩 μ_m。

四、物质的顺磁性与电子的自旋磁矩

物质的顺磁性来自与电子的自旋相联系的磁矩。电子有两种自旋状态,如果原子、分子或离子中两种自旋状态的电子数不相等,则该物质在外磁场中就呈现顺磁性。这是由于每一轨道上不能存在两个自旋状态相同的电子(泡利原理),因而各个轨道上成对电子自旋所产生的磁矩是相互抵消的,所以只有存在未成对电子的物质才具有永久磁矩,它在外磁场中呈现顺磁性。

物质的永久磁矩 μ_m 和它所包含的未成对电子数 n 的关系可用下式表示:

$$\mu_m = \sqrt{n(n+2)}\,\mu_B \tag{1-1-11}$$

式中 μ_B 称为玻尔(Bohr)磁子,其物理意义是单个自由电子自旋所产生的磁矩,即

$$\mu_B = \frac{eh}{4\pi m_e} = 9.274\,078\times10^{-24}\,A\cdot m^2 \tag{1-1-12}$$

式中 h 为普朗克常量;m_e 为电子质量。

五、物质的摩尔磁化率 χ_M 测定与电子组态的确定

本实验采用古埃磁天平法测量物质的摩尔磁化率 χ_M。由实验测定物质的 χ_M,代入式(1-1-10)求出 μ_m 再根据式(1-1-11)算得未成对电子数 n,这对于研究某些原子或离子的电子组态,以及判断配合物分子的配键类型是很有意义的。通常认为配合物可分为电价配合物和共价配合物两种。电价配合物是由中央离子与配体之间依靠静电库仑力结合起来的,以这种方式结合起来的化学键叫作电价配键。这时中央离子的电子结构不受配体的影响,基本上保持自由离子的电子结构。共价配合物则是以中央离子的空价电子轨道接受配体的孤对电子以形成共价配键,这时中央离子为了尽可能多地成键,往往会发生电子重排,以腾出更多空的价电子轨道来容纳配体的电子对。如 Fe^{2+} 在自由离子状态下的外层电子组态,如图1-1-1所示:

图1-1-1　Fe^{2+} 在自由离子状态下的外层电子组态

当 Fe^{2+} 与6个 H_2O 配体形成络离子 $[Fe(H_2O)_6]^{2+}$ 时,中央离子 Fe^{2+} 仍然保持着上述自由离子状态下的电子组态,故此配合物是电价配合物。当 Fe^{2+} 与6个 CN^- 配体形成络离子 $[Fe(CN)_6]^{4-}$ 时,Fe^{2+} 外层电子组态发生重排,如图1-1-2所示。

图1-1-2　Fe^{2+} 外层电子组态的重排

Fe^{2+} 的3d轨道上原来未成对的电子重新配对,腾出两个3d空轨道来,再与4s和4p轨道进行 d^2sp^3 杂化,构成以 Fe^{2+} 为中心指向正八面体各个顶角的6个空轨道,以此来容纳6个 CN^- 中

C 原子上的孤对电子,形成 6 个共价配键,如图 1-1-3 所示。

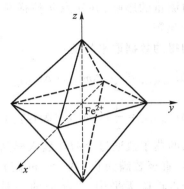

图 1-1-3 $[Fe(CN)_6]^{4-}$ 中 6 个共价配键的相对位置

一般认为中央离子与配位原子之间的电负性相差很大时,容易生成电价配键,而电负性相差很小时,则生成共价配键。

仪器及试剂

1. 仪器:古埃磁天平;(软质玻璃)样品管;装样品工具(包括研钵、角匙、小漏斗、玻璃棒)。
2. 试剂:莫尔盐$((NH_4)_2SO_4 \cdot FeSO_4 \cdot 6H_2O)$;七水合硫酸亚铁$(FeSO_4 \cdot 7H_2O)$;三水亚铁氰化钾$(K_4Fe(CN)_6 \cdot 3H_2O)$。所有试剂为分析纯。

实验步骤

一、按操作规程及注意事项细心启动古埃磁天平

二、磁场两极中心处磁场强度 H 的测定

1. 用高斯计重复测量五次,分别读取励磁电流值和对应的磁场强度值。
2. 用已知χ_m的莫尔盐标定对应于特定励磁电流值的磁场强度值。

标定步骤如下:

(1) 取一支清洁、干燥的空样品管悬挂在古埃磁天平的挂钩上,使样品管底部正好与磁极中心线齐平,准确称得空样品管质量;然后将励磁稳流电流开关接通,由小到大调节励磁电流至 I_1,迅速且准确地称取此时空样品管的质量;继续由小到大调节励磁电流至 I_2,再称质量,继续将励磁电流缓升至 I_3,接着又将励磁电流缓降至 I_2,再称空样品管的质量;又将励磁电流由大到小降至 I_1,再称质量;称毕,将励磁电流降至零,断开电源开关,此时磁场无励磁电流,又称取一次空样品管质量。

上述励磁电流由小到大再由大到小的测定方法,是为了抵消实验时磁场剩磁现象的影响。此外,实验时还须避免气流扰动对测量的影响,并注意勿使样品管与磁极碰撞,磁极距离不得随意变动,每次称量后应将天平盘托起等。

同法重复测定一次,将两次测得的数据取平均值:

$$\Delta m_{空管(I_1)} = \frac{1}{2}\left[\Delta m_{1(I_1)} + \Delta m_{2(I_1)}\right] \tag{1-1-13}$$

$$\Delta m_{空管(I_2)} = \frac{1}{2}\left[\Delta m_{1(I_2)} + \Delta m_{2(I_2)}\right] \tag{1-1-14}$$

(2)取下样品管,将事先研细的莫尔盐通过小漏斗装入样品管,在装填时须不断敲击样品管底部木垫,务使粉末样品均匀填实,直至装满为止(约 15 cm 高),用直尺准确测量样品高度。同上法,将装有莫尔盐的样品管置于古埃磁天平中,在相应的励磁电流 I_1、I_2、I_3 下进行测量,并将两次测定数据取平均值。

测定完毕,将样品管中的莫尔盐样品倒入回收瓶,然后洗净、干燥备用。如采用合适细长工具,也可用棉球擦净备用。

三、测定 $FeSO_4 \cdot 7H_2O$ 和 $K_4Fe(CN)_6 \cdot 3H_2O$ 的摩尔磁化率

在标定磁场强度用同一样品管中,装入测定样品,重复上述(2)的实验步骤。

实验数据处理

1. 由莫尔盐质量磁化率和实验数据计算相应励磁电流下的磁场强度值。

2. 由 $FeSO_4 \cdot 7H_2O$ 和 $K_4Fe(CN)_6 \cdot 3H_2O$ 的测定数据,代入式(1-1-15)计算它们的 χ_M。再根据式(1-1-10)、式(1-1-11)算出所测样品的 μ_m 和未成对电子数 n。

$$\chi_M = \frac{M}{\rho}\chi = \frac{2(\Delta m_{样品+空管} - \Delta m_{空管})ghM}{\mu_0 mH^2} + \frac{M}{\rho}\chi_空 \tag{1-1-15}$$

式中 h 为样品的实际高度;m 为无外加磁场时样品的质量;M 为样品的摩尔质量;ρ 为样品的密度(固体样品指装填密度)。

3. 根据未成对电子数,讨论 $FeSO_4 \cdot 7H_2O$ 和 $K_4Fe(CN)_6 \cdot 3H_2O$ 中 Fe^{2+} 的最外层电子结构及由此构成的配键类型。

思考题

1. 试比较用高斯计和莫尔盐标定的相应励磁电流下的磁场强度数值,并分析两者测定结果差异的原因。

2. 不同励磁电流下测得的样品摩尔磁化率是否相同?如果测量结果不同应如何解释?

知识扩展

1. 磁化率的单位习惯上采用高斯 CGS 制,本实验已改用国际单位制(SI),国际单位制和高斯 CGS 制的质量磁化率、摩尔磁化率的换算关系分别为

$$1\text{m}^3 \cdot \text{kg}^{-1}(\text{SI 单位}) = \frac{10^3}{4\pi}\text{cm}^3 \cdot \text{g}^{-1}(\text{高斯 CGS 单位})$$

$$1\text{m}^3 \cdot \text{mol}^{-1}(\text{SI 单位}) = \frac{10^6}{4\pi}\text{cm}^3 \cdot \text{mol}^{-1}(\text{高斯 CGS 单位})$$

现有手册上大多仍以高斯 CGS 制表示磁化率,采用时要注意上述换算关系。

2. 在配合物磁化学的研究中,为了从测得的摩尔磁化率求得中心原子的磁矩,需要对配体及中心原子的逆磁化率 χ_0 的贡献进行校正,从式(1-1-10)得

$$\mu_{\text{eff}} = \left[(\chi_\text{M} - \chi_0) T \right]^{1/2} \left(\frac{3k}{L\mu_0} \right)^{1/2} \tag{1-1-16}$$

由此计算得到的磁矩称为有效磁矩。至于有机配体的逆磁化率可用帕斯卡加和规则计算,而无机配体和中心原子的逆磁化率可查表得到。有兴趣的读者请再参阅有关资料。

参考文献

实验二 几何异构体配合物的合成及异构化速率常数的测定

实验目的

1. 合成顺、反式二草酸二水合铬（Ⅲ）酸钾。
2. 应用分光光度法测定反-顺异构化速率常数，计算活化能。

实验基本原理

二草酸二水合铬（Ⅲ）酸钾是［M（AA）$_2$X$_2$］型八面体配合物（AA 是双齿配体），它可能以顺式或反式两种异构体形式存在，如图 1-2-1 所示。

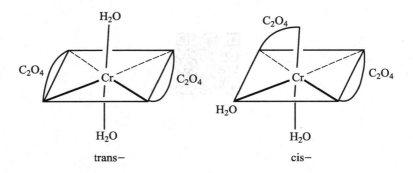

图 1-2-1 ［M（AA）$_2$X$_2$］型八面体配合物的结构示意图

对于八面体的顺反异构体，至今还没有通用的合成方法。欲得到某一特定构型的异构体，一般可通过：① 利用已知构型的配合物取代；② 先合成异构体混合物，然后利用溶解度或极性的不同分离得到所需的异构体；③ 特定合成方法。

本实验合成反式异构体采用方法②，合成顺式异构体采用方法③。关于异构体纯度的初步鉴定，是基于它们与稀氨水形成相应构型的二草酸羟基水合铬（Ⅲ）离子，顺式的是可溶性的深绿色物质，反式的是不溶性的棕色固体，此特征反应也可用于区别顺反异构体。

此配合物的反式异构体在水溶液中将发生反-顺异构化作用，且顺反异构体有不同的吸收光谱，因此有可能利用分光光度法对其异构化速率常数进行测定。

反应速率常数是以各反应物浓度为单位量时的反应速率,它由反应的性质、温度和介质条件所决定,其表观值与所取的时间和浓度的单位有关。

分光光度法测定异构化速率是根据朗伯-比尔定律,溶液浓度与吸光度的关系为

$$A = \lg(I_0/I_t) = \varepsilon b c \tag{1-2-1}$$

式中 ε 为摩尔吸收系数,$L \cdot mol^{-1} \cdot cm^{-1}$;$b$ 为液池厚度,cm;c 为溶液浓度,$mol \cdot L^{-1}$;A 为吸光度。

如果溶液中同时存在两种吸收物质 X 和 Y,则在时间 t 时的吸光度可由下式给出:

$$A_t = b(\varepsilon_Y[X]_t + \varepsilon_X[Y]_t) \tag{1-2-2}$$

设 X 和 Y 分别是一级反应的反应物和产物,则速率定律为

$$dx/dt = -k[X] \tag{1-2-3}$$

积分得

$$[X]_t = [X]_0 e^{-kt} \tag{1-2-4}$$

式中 $[X]_t$ 为在时间 t 时 X 的浓度;$[X]_0$ 为 X 的初始浓度;t 为反应时间;k 为反应速率常数。

设当完全异构化后的反式异构体溶液的吸收光谱与顺式异构体的吸收光谱相同。

当 $t=0$ 时,

$$A_0 = \varepsilon_X b [X]_0 \tag{1-2-5}$$

当 $t=\infty$ 时,

$$A_\infty = \varepsilon_Y b [Y]_\infty = \varepsilon_Y b [X]_0 \tag{1-2-6}$$

于 t 时刻时,

$$A_t = \varepsilon_X b [X]_t + \varepsilon_Y b [Y]_t = \varepsilon_X b [X]_t + \varepsilon_Y b([X]_0 - [X]_t) \tag{1-2-7}$$

式中 $[Y]_t$ 为 t 时刻顺式异构体的浓度;ε_X 为反式异构体的摩尔吸收系数;ε_Y 为顺式异构体的摩尔吸收系数。

分别联立式(1-2-5)和式(1-2-6),式(1-2-6)和式(1-2-7),得

$$[X]_0 = (A_\infty - A_0)/[(\varepsilon_Y - \varepsilon_X) \cdot b] \tag{1-2-8}$$

$$[X]_t = (A_\infty - A_t)/[(\varepsilon_Y - \varepsilon_X) \cdot b] \tag{1-2-9}$$

将式(1-2-8)和式(1-2-9)代入式(1-2-4)得

$$A_\infty - A_t = (A_\infty - A_0) e^{-kt} \tag{1-2-10}$$

取对数,得

$$\lg(A_\infty - A_t) = -kt/2.303 + \lg(A_\infty - A_0) \tag{1-2-11}$$

以 $\lg(A_\infty - A_t)$ 对 t 作图,若为一条直线,则证明反应是一级的。据该图可求出反应速率常数 k。若有足够的不同温度下的反应速率常数数据,据阿伦尼乌斯公式:$k = A\exp[-E_a/(RT)]$,可求出异构化活化能 E_a 和指前因子 A。这里必须指出:只有简单反应,才符合阿伦尼乌斯公式。

不同实验组做不同反应温度的实验。汇总各组的反应速率常数数据,即可进行活化能及指前因子的计算。

仪器及试剂

1. 仪器:紫外-可见分光光度计(带恒温夹套);恒温槽。

2. 试剂:二水合草酸($C_2H_2O_4 \cdot 2H_2O$);重铬酸钾($K_2Cr_2O_7$);无水乙醇(C_2H_6O);高氯酸($HClO_4$)。所有试剂为分析纯。

实验步骤

一、二草酸二水合铬酸钾反式异构体和顺式异构体的制备

1. 反式异构体的制备。在 50 mL 烧杯中加入 12 g 二水合草酸,慢慢加入沸水至固体正好溶解。分数次小份地加入 4 g 研细的 $K_2Cr_2O_7$(反应剧烈! 应控制每次加入量以免溶液溢出,注意盖上表面皿)。待反应完毕,蒸发溶液至原体积的一半,随后,自然蒸发至原体积的 1/3(切莫过少,以免顺式异构体一起析出)。过滤,用冷水和 60% 乙醇溶液各洗涤 2 次,得红紫色晶体,干燥后称量,计算产率。

2. 顺式异构体的制备。将 2 g 充分研细的 $K_2Cr_2O_7$ 与 12 g 二水合草酸充分混合,粉末堆积在 15 cm 直径的蒸发皿中,在混合物中心的小坑内滴入一滴水,盖上表面皿。经短周期诱导反应,反应剧烈进行,放出水蒸气和 CO_2。反应结束后,得紫色黏性物。往产物中加入 20 mL 无水乙醇,充分搅拌(必要时可倾析掉乙醇溶液,再加新的无水乙醇搅拌)至产物呈现松散的暗紫色粉末。抽滤,用无水乙醇洗 3 遍,干燥,称量并计算产率。

二、反-顺异构化速率常数的测定

1. 工作波长的选择

(1)准确称取 0.070 00 g 反式异构体,溶于少量冰冷的 1×10^{-4} mol · L^{-1} $HClO_4$ 水溶液中,完全移入 50 mL 容量瓶中,用冰水稀释至刻度。马上在分光光度计上在 390~650 nm 波长范围内进行扫描。

(2)准确称取 0.070 00 g 顺式异构体,按上法操作,测定吸收曲线。

(3)据(1)、(2)的吸收曲线选定工作波长。

2. 速率常数的测定。精确称取 0.070 00 g 反式异构体,迅速用恒温的 1×10^{-4} mol · L^{-1} $HClO_4$ 水溶液溶解(不同的同学选用不同的温度),于 50 mL 容量瓶中在恒温条件下定容(容量瓶应事先进行体积校正)。同时开始计时,迅速倒入 1 cm 比色皿中(恒温条件下),在选定的工作波长处以 1×10^{-4} mol · L^{-1} $HClO_4$ 水溶液为参比进行测定。开始阶段 2 min 测一次,当反应减慢时,可延长测定时间间隔。2 h 一般可转化完全,但应得到完全转化的数据后才能取其值为 A_∞。

实验数据处理

1. 作 $\lg(A_\infty - A_t) - t$ 图,验证是不是一级反应。
2. 求实验温度下的异构化速率常数 k_T,汇总六组的 k_T 值,求指前因子和活化能。

思考题

1. 该反应速率常数的测定,除本实验规定的方法外,还有何其他的方法? 试进行比较。
2. 二水合草酸在本合成中起什么作用?
3. 判别此两种异构体还有什么方法?

参考文献

实验三　氢原子光谱的分析

实验目的

1. 测量氢原子光谱在可见光区的巴尔末(Balmer)线系的波长,并求出里德伯(Rydberg)常量。
2. 熟悉小型直角摄谱仪和阿贝比长仪的使用方法。

实验基本原理

1. 氢原子具有最简单的原子结构,它的核外只有一个电子。基态氢原子,其电子在主量子数 $n=1$ 的轨道上运动。处于低能态量子数 n_l 上的电子从外界吸收光子 h_ν 跃迁到 n_l 这一较高能态上时,可观察到原子的发射光谱。反之,激发态原子的电子由 n_h 跃迁到 n_l 时,就辐射出光子,形成原子的发射光谱。所以,通过研究光谱的谱线位置、强弱、形状、分布规律及精细结构等,就可以了解原子中的能级分布以及电子在跃迁前后的运动状态。因此,光谱是研究物质结构的一个重要手段。

2. 以高速运动的电子撞击氢分子使其解离成为激发态的氢原子。其电子能量较高,很不稳定,会自发地跃迁到其他能量较低的可能轨道上,同时辐射出光子,光子的能量等于电子跃迁前后所具有的能量差。从不同能量较高的轨道跳到同一个能量较低的可能轨道上时,发出的所有光谱,称为一个"系"。在氢原子光谱的紫外光区、可见光区、红外光区、远红外光区都发现了一系列的谱线系。图 1-3-1 表示氢原子的电子能级及电子跃迁所形成的各谱线系。

氢原子各系谱线间的规律可用著名的里德伯公式来描述:

$$\sigma = R_\infty \left(\frac{1}{n_l^2} - \frac{1}{n_h^2} \right) \tag{1-3-1}$$

式中 σ 为波数,即波长 λ 的倒数 $\left(\sigma = \dfrac{1}{\lambda} \right)$,单位为 cm^{-1};R_∞ 为里德伯常量;n_l 和 n_h 为正整数,代表主量子数,且 $n_h \geqslant n_l + 1$。

$n_l = 1$ 时,$n_h = 2,3,4,\cdots$,称为莱曼(Lyman)线系;

$n_l = 2$ 时,$n_h = 3,4,5,\cdots$,称为巴尔末(Balmer)线系;

$n_l = 3$ 时,$n_h = 4,5,6,\cdots$,称为帕邢(Paschen)线系。

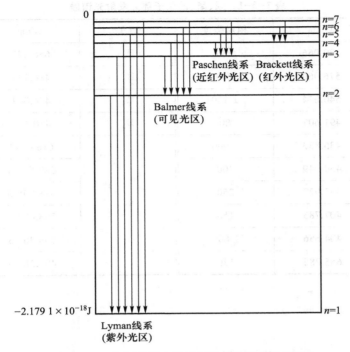

图 1-3-1　氢原子的电子能级及各谱线系示意图

又根据玻尔关于原子的量子假设,里德伯常量与原子内部若干微观量和物理普适常数有以下关系:

$$R_\infty = \frac{\mu e^4}{8h^3 c \varepsilon_0^2} \qquad (1-3-2)$$

式中 μ 为氢原子的折合质量;e 为电子元电荷;h 为普朗克常量;c 为光速;ε_0 为真空电容率。

3. 莱曼线系的典型谱线处于紫外光区,而帕邢线系处于近红外光区。本实验用小型直角摄谱仪拍摄可见光区的氢光谱,只研究 $n_l = 2$ 的巴尔末线系。氢气压力在 66.7 Pa 左右,低压氢灯在 5 000 V 以上的电场中呈现亮红色。在可见光部分除明显的巴尔末线系外,还会产生分子氢的带光谱。

实验中以汞的发射光谱作为被测谱线波长的参考。图 1-3-2 画出在可见光区的 9 条较强汞谱线,以及巴尔末线系中 n_h 分别为 3、4、5、6 的 H_α、H_β、H_γ 和 H_δ 4 条氢原子光谱。其谱线波长及相对强度见表 1-3-1。

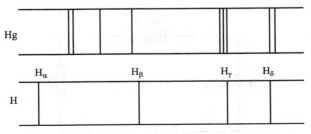

图 1-3-2　氢原子光谱和汞原子光谱示意图

表 1-3-1　汞、氢、钠原子部分发射光谱线

原子	λ/nm	相对强度	原子	λ/nm	相对强度
	579.066	280	H_α	656.272	120
	576.960	240	H_β	486.133	80
	546.074	1 100	H_γ	434.047	30
	491.607	80	H_δ	410.174	15
Hg	435.833	4 000		616.0747	240
	434.749	400		589.592 4	40 000
	433.922	250	Na	588.995 0	80 000
	407.783	150		568.820 5	560
	404.656	1 800		568.263 3	280
H_α	656.285	180		498.281 3	4 000

仪器及试剂

1. 仪器：小型直角摄谱仪；氢灯（其装置如图 1-3-3 所示）；汞灯（其工作线路如图 1-3-4 所示）；黑白底片或玻璃感光板；显影、定影设备。

2. 试剂：显影液；（酸性坚膜）定影液。

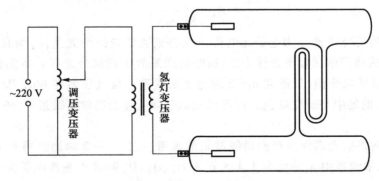

图 1-3-3　氢灯装置示意图

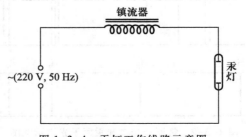

图 1-3-4　汞灯工作线路示意图

实验步骤

一、对光调焦

汞灯成像较宽,其光谱线也较强,因此首先利用汞灯来调节仪器。

1. 汞灯通电起辉 5 min 后,移动光源和聚焦透镜的位置,使光集中在隙距 0.10~0.15 nm 的狭缝上。

2. 在照相机的位置上装上毛玻璃,调节焦距、焦面角、阿贝棱镜,使波长为 579.066 nm 和 576.960 nm 的黄色汞双线分辨清楚,并且整个可见光区范围内谱线清晰完整。关上遮光板,板上做好灯像记号。

二、拍摄氢光谱

氢灯所成影像较细,位置较难对准,故拍摄一组谱线时,最好先拍氢光谱。

1. 取下毛玻璃,插上装好底片(注意乳胶面对着光源)的照相机暗盒,并使光谱线可成像于底片的上部。氢灯线路检查后通电,电压逐步升至 180 V,此时氢灯两端电压接近 1 000 V(注意危险!),将哈特曼光阑上孔或下孔对准狭缝,打开遮光板调焦,使灯像中部投射在狭缝中,然后关闭遮光板。

2. 打开照相机暗盒底衬,再打开遮光板曝光 5 min,然后关上遮光板,氢灯降压后,关上电源。照相机位置不能移动。

三、拍摄汞光谱

1. 利用遮光板上的记号对汞灯调焦。将哈特曼光阑换到中孔位置。

2. 打开遮光板曝光 15 s 再关上,然后关上照相机暗盒,关闭汞灯电源。这样就拍完了一组谱线。将照相机暗盒沿燕尾槽向上移动 10 mm。

每一张底片可以拍摄四组谱线,每三条为一组。

四、显影和定影

显影和定影在暗室中进行。采用高反差显影液,在 20 ℃时显影 2~3 min。照相底片乳胶面向上浸没在显影液中,轻轻晃动显影液瓷盘使浓度均匀。显影后先在清水中漂洗一下,然后浸入定影液中,乳胶面仍旧朝上,在室温下定影 5 min。然后将底片在清水流中冲洗 15 min 以上,充分洗尽残留的定影液。冲洗好的底片应晾干后才能读片。若需快速干燥,可用酒精浸一下,再用冷风吹干。

实验数据处理

1. 用阿贝比长仪分别精确测量标准汞谱线和氢原子各谱线的相对位置,每条谱线读取三个数据,然后取其平均值。

2. 计算波长。

氢谱线的波长可利用哈特曼公式计算:

$$\lambda = \lambda_0 + \frac{B}{d_0 - d} \qquad (1-3-3)$$

式中 λ 和 d 分别为待测谱线的波长及其在阿贝比长仪上的读数;λ_0、d_0 和 B 为公式的三个常数。由待测氢谱线邻近的三条汞谱线波长 λ_1、λ_2、λ_3 和对应的阿贝比长仪读数 d_1、d_2、d_3 分别代入式 (1-3-3)后,联立方程求出解。再利用式(1-3-3)求得该条待测氢谱线的波长 λ。

显然,式中三个常数随谱线而异。为了简化数据处理,可把三条汞谱线中第一条谱线的 d_1 值设为零,而将另外两条汞谱线和待测氢谱线的阿贝比长仪读数值 d 与 d_1 之差值 d' 作为相对距离,代入联立方程整理后得

$$d_0 = \frac{(\lambda_2 - \lambda_3) d_2' d_3'}{(\lambda_2 - \lambda_1) d_3' - (\lambda_3 - \lambda_1) d_2'} \qquad (1-3-4)$$

$$\lambda_0 = \frac{\lambda_2 d_2' + (\lambda_1 - \lambda_2) d_0}{d_2'} \qquad (1-3-5)$$

$$B = (\lambda_1 - \lambda_0) d_0 \qquad (1-3-6)$$

3. 计算 n_β、n_γ、n_δ。

由图 1-3-2 可知,利用上述方法只可求得 H_β、H_γ、H_δ 三条氢谱线的波长。

设 n_β、n_γ、n_δ 为对应 H_β、H_γ、H_δ 的主量子数,则由式(1-3-1)可得

$$\Delta\sigma_{\beta\gamma} = \sigma_\beta - \sigma_\gamma = R_\infty \left(\frac{1}{n_\gamma^2} - \frac{1}{n_\beta^2} \right) \qquad (1-3-7)$$

$$\Delta\sigma_{\beta\delta} = \sigma_\beta - \sigma_\delta = R_\infty \left(\frac{1}{n_\delta^2} - \frac{1}{n_\beta^2} \right) \qquad (1-3-8)$$

两式相除并化简得

$$\frac{\Delta\sigma_{\beta\delta}}{\Delta\sigma_{\beta\gamma}} = \frac{4(n_\beta + 1)^3}{(2n_\beta + 1)(n_\beta + 2)^2} \qquad (1-3-9)$$

由于 H_β、H_γ 和 H_δ 是相继的三条谱线,因此有

$$\begin{cases} n_\gamma = n_\beta + 1 \\ n_\delta = n_\gamma + 1 = n_\beta + 2 \end{cases} \qquad (1-3-10)$$

由实验数据可求式(1-3-9)左侧的值,再利用正整数(主量子数)试探,计算式(1-3-9)右侧的值,进行比较求出 n_β。然后利用式(1-3-10)求得 n_γ 和 n_δ。

4. 里德伯常量的计算。

上式求得的 n_β、n_γ 和 n_δ 均为式(1-3-1)中的 n_l 值,再对 n_l 以正整数尝试法代入,所得 R_∞ 值相近的正整数即为 n_l 值。然后以三条谱线求得的值取平均值,即为实验测定值。里德伯常量的

计算值,可由式(1-3-2)算出,应为 109 737.315 3 cm^{-1}。

思考题

1. 实验中曝光时间过长或太短,对实验结果有何影响?

2. 实验所拍摄的氢光谱中有许多条谱线,试问如何确定 H$_\alpha$、H$_\beta$、H$_\gamma$、H$_\delta$ 四条氢原子特征谱线? 其他的杂谱线是何原因引起的?

3. 计算莱曼线系和帕邢线系的第一条光谱线的波长,并说明这两个线系应出现在哪个光区。

知识扩展

1. 关于波长和里德伯常量的计算。

(1) 除上述方法外,可将汞谱线的 d 值对 λ 值作图,得到一条光滑曲线。再将氢谱线的 d 值由曲线上读出相应波长,H$_\alpha$ 的波长也可估算。还可将汞谱线的 d 值和 λ 值经计算机拟合,求出多项式的常数值,同样可以由氢光谱的 d 值代入求出 λ 值。

(2) 由于已知巴尔末线系的 n_l 为 2,所以对四条氢谱线可分别试探,求出各自的 n_h,同时得到各自的值,只要值相近,即试探成功,然后将各值平均即是。

(3) 测得四条氢谱线的 σ 值后,尝试对 $1/n_h^2$ 作图,如能得一直线,即尝试正确。由式(1-3-1)可知,直线斜率为 R_∞ 值。

(4) 精确的测量中,须考虑在空气和真空中谱线波长存在以下关系:

$$\lambda = \frac{\lambda_{真空}}{\lambda_{空气}}$$

2. 本实验装置如果去掉氢灯,换上一个电弧或火花放电光源,则可用来摄取碱金属原子光谱,如钠原子在可见光区与紫外光区的发射光谱,从而计算钠原子的若干激发态的电子能级值。

钠原子中最外层电子为 3s 电子,钠原子光谱主要就是 3s 电子在不同能级间跃迁所产生。这些不同能级有 3s,4s,5s,6s,…;3p,4p,5p,6p,…;3d,4d,5d,6d,…;4f,5f,6f,7f,…

由原子光谱的选择定则可知,向 3s 能级跃迁的高能级只能是 3p,4p,5p,…一组 p 能级;向 3p 能级跃迁的高能级可能是 4s,5s,6s,…一组 s 能级或 3d,4d,5d,…一组 d 能级,如图 1-3-5 所示。

所出现各光谱线的波数可归纳为下列三组谱线系,即

$\sigma = E_{mp} - E_{3s}$　　$m=3,4,5,6,\cdots$,称为主线系;

$\sigma = E_{ms} - E_{3p}$　　$m=4,5,6,\cdots$,称为锐线系;

$\sigma = E_{md} - E_{3d}$　　$m=3,4,5,6,\cdots$,称为漫线系;

主线系各谱线的强度均较大,锐线系各谱线线条均较明锐,漫线系各谱线线条形状均呈弥散状。所以可利用这些特征将谱线加以区分。另外还有从各 f 能级向 3d 能级跃迁所产生的基线系,但强度很弱。

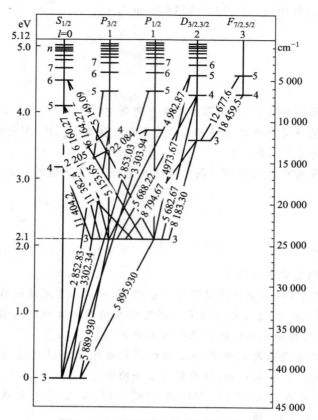

图 1-3-5 钠原子中若干允许的跃迁

拍摄钠原子的发射光谱,观察钠原子光谱三组主要线系的特点,极并归纳整理出主线系各谱线的波长,最后可计算出各 p 能级的能量值。实验中可用碳棒作电极,NaCl 粉末作样品,汞灯作标准谱线光源。由于用 NaCl 拍摄光谱中未必全是钠原子光谱,为了从其中剔除非原子光谱,可将用 NaCl 拍摄的光谱和用 KCl 拍摄的光谱进行对比。二者中同时出现的同一波长的谱线或谱带就不是钠原子的光谱。

参考文献

实验四　溶液法测定极性分子的偶极矩

实验目的

1. 用溶液法测定乙酸乙酯的偶极矩。
2. 了解偶极矩与分子电性质的关系。
3. 掌握溶液法测定偶极矩的实验技术。

实验基本原理

一、偶极矩与极化度

分子结构可以近似地看成由电子云和分子骨架(原子核及内层电子)所构成。由于分子空间构型的不同,其正、负电荷中心可能重合,也可能不重合,前者称为非极性分子,后者称为极性分子。

1912 年,德拜(Debye)提出"偶极矩"μ 的概念来度量分子极性的大小,如图 1-4-1 所示,其定义式为

$$\mu = Q \cdot d \qquad (1-4-1)$$

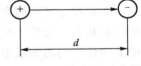

图 1-4-1　偶极矩示意图

式中 Q 是正、负电荷中心所带的电荷量;d 为正、负电荷中心之间的距离;μ 是一个矢量,其方向规定从正到负。因分子中原子间距离的数量级为 10^{-10} m,电荷量的数量级为 10^{-20} C,所以偶极矩的数量级是 10^{-30} C·m。

通过偶极矩的测定可以了解分子结构中有关电子云的分布和分子的对称性等情况,还可以用来判别几何异构体和分子的立体结构等。

极性分子具有永久偶极矩,但由于分子的热运动,偶极矩指向各个方向的机会相同,所以偶极矩的统计值等于零。若将极性分子置于均匀的电场中,则偶极矩在电场的作用下会趋向电场方向排列。这时称这些分子被极化了,极化的程度可用摩尔转向极化度 $P_{转向}$ 来衡量。

$P_{转向}$ 与永久偶极矩的平方成正比、与热力学温度 T 成反比:

$$P_{转向} = \frac{4}{3}\pi L \frac{\mu^2}{3kT} = \frac{4}{9}\pi L \frac{\mu^2}{kT} \qquad (1-4-2)$$

式中 k 为玻耳兹曼常数;L 为阿伏加德罗常数。

在外电场作用下,不论极性分子还是非极性分子都会发生电子云对分子骨架的相对移动,分子骨架也会发生变形,这种现象称为诱导极化或变形极化,用摩尔诱导极化度 $P_{诱导}$ 来衡量。显然, $P_{诱导}$ 可分为两项,即电子极化度 $P_{电子}$ 和原子极化度 $P_{原子}$,因此 $P_{诱导} = P_{电子} + P_{原子}$ 。$P_{诱导}$ 与外电场强度成正比,与温度无关。

如果外电场是交变电场,极性分子极化情况则与交变电场的频率有关。当处于频率小于 10^{10} s^{-1} 的低频电场或静电场中,极性分子所产生的摩尔极化度 P 是转向极化、电子极化和原子极化的总和:

$$P = P_{转向} + P_{电子} + P_{原子} \tag{1-4-3}$$

当频率增加到 $10^{12} \sim 10^{14}$ s^{-1} 的中频(红外频率)时,电场的交变周期小于分子偶极矩的弛豫时间,极性分子的转向运动跟不上电场的变化,即极性分子来不及沿电场定向,故 $P_{转向} = 0$ 。此时极性分子的摩尔极化度等于摩尔诱导极化度 $P_{诱导}$ 。当交变电场的频率进一步增加到大于 10^{15} s^{-1} 的高频(可见光和紫外光频率)时,极性分子的转向运动和分子骨架变形都跟不上电场的变化,此时极性分子的摩尔极化度等于电子极化度 $P_{电子}$ 。

因此,原则上只要在低频电场下测得极性分子的摩尔极化度 P ,在红外光频率下测得极性分子的摩尔诱导极化度 $P_{诱导}$,两者相减得到极性分子的摩尔转向极化度 $P_{转向}$,然后代入式(1-4-2)就可算出极性分子的永久偶极矩 μ 来。

二、极化度的测定

克劳修斯、莫索蒂和德拜(Clausius-Mossotti-Debye)从电磁理论得到了摩尔极化度 P 与介电常数 ε 之间的关系式:

$$P = \frac{\varepsilon - 1}{\varepsilon + 2} \cdot \frac{M}{\rho} \tag{1-4-4}$$

式中 M 为被测物质的摩尔质量; ρ 是该物质的密度; ε 可以通过实验测定。

但式(1-4-4)是假定分子间无相互作用而推导得到的,所以它只适用于温度不太低的气相体系。然而测定气相的介电常数和密度,在实验上困难较大,某些物质甚至根本无法使其处于稳定的气相状态。因此后来提出了一种溶液法来解决这一困难。溶液法的基本想法是,在无限稀释的非极性溶剂的溶液中,溶质分子所处的状态和气相时相近,于是无限稀释溶液中溶质的摩尔极化度 P_2^{∞} 就可以看成式(1-4-4)中的 P 。

海德斯特兰(Hedestran)首先利用稀溶液的近似公式:

$$\varepsilon_{溶} = \varepsilon_1 (1 + \alpha x_2) \tag{1-4-5}$$

$$\rho_{溶} = \rho_1 (1 + \beta x_2) \tag{1-4-6}$$

再根据溶液的加和性,推导出无限稀释时溶质摩尔极化度的公式:

$$P = P_2^{\infty} = \lim_{x_2 \to 0} P_2 = \frac{3\alpha \varepsilon_1}{(\varepsilon_1 + 2)^2} \cdot \frac{M_1}{\rho_1} + \frac{\varepsilon_1 - 1}{\varepsilon_1 + 2} \cdot \frac{M_2 - \beta M_1}{\rho_1} \tag{1-4-7}$$

式(1-4-5)、式(1-4-6)、式(1-4-7)中, $\varepsilon_{溶}$ 、$\rho_{溶}$ 是溶液的介电常数和密度, M_2 和 x_2 是溶质的摩尔质量和摩尔分数, ε_1 、ρ_1 和 M_1 分别是溶剂的介电常数、密度和摩尔质量, α 、β 是分别与

$\varepsilon_{溶}$-x_2 和 $\rho_{溶}$-x_2 直线斜率有关的常数。

上面已经提到,在红外频率的电场下可以测得极性分子的摩尔诱导极化度 $P_{诱导}=P_{电子}+P_{原子}$。但在实验上由于条件的限制,很难做到这一点,所以一般总是在高频电场下测定极性分子的电子极化度 $P_{电子}$。

根据光的电磁理论,在同一频率的高频电场作用下,透明物质的介电常数 ε 与折射率 n 的关系为

$$\varepsilon = n^2 \tag{1-4-8}$$

习惯上用摩尔折射度 R_2 来表示高频区测得的极化度,因此此时 $P_{转向}=0$,$P_{原子}=0$,则

$$R_2 = P_{电子} = \frac{n^2-1}{n^2+2} \cdot \frac{M}{\rho} \tag{1-4-9}$$

在稀溶液情况下也存在近似公式:

$$n_{溶} = n_1(1+\gamma x_2) \tag{1-4-10}$$

同样,从式(1-4-9)可以推导得无限稀释时溶质的摩尔折射度的公式:

$$P_{电子} = R_2^\infty = \lim_{x_2 \to 0} R_2 = \frac{n_1^2-1}{n_1^2+2} \cdot \frac{M_2-\beta M_1}{\rho_1} + \frac{6n_1^2 M_1 \gamma}{(n_1^2+2)^2 \rho_1} \tag{1-4-11}$$

式(1-4-10)、式(1-4-11)中,$n_{溶}$ 是溶液的折射率,n_1 是溶剂的折射率,γ 是与 $n_{溶}$-x_2 直线斜率有关的常数。

三、偶极矩的测定

考虑到原子极化度通常只有电子极化度的 $5\% \sim 10\%$,而且 $P_{转向}$ 又比 $P_{电子}$ 大得多,故常常忽视原子极化度。

从式(1-4-2)、式(1-4-3)、式(1-4-7)、式(1-4-11)可得

$$P_{转向} = P_2^\infty - R_2^\infty = \frac{4}{9}\pi L \frac{\mu^2}{kT} \tag{1-4-12}$$

上式把物质分子的微观性质(偶极矩)和它的宏观性质(介电常数、密度和折射率)联系起来,分子的永久偶极矩就用下面简化式计算:

$$\mu = 0.042\,74 \times 10^{-30} \sqrt{(P_2^\infty - R_2^\infty)T} \tag{1-4-13}$$

在某种情况下,若需要考虑 $P_{原子}$ 影响时,只需对 R_2^∞ 作部分修正就行了。

上述测求极性分子偶极矩的方法称为溶液法。溶液法测得的溶质偶极矩与气相测得的真实值间存在偏差,造成这种现象的原因是非极性溶剂与极性溶质分子相互间的作用——“溶剂化”作用,这种偏差现象称为溶液法测量偶极矩的“溶剂效应”。罗斯(Ross)和萨克(Sack)等人曾对溶剂效应开展了研究,并推导出校正公式。

此外,测定偶极矩的实验方法还有多种,如温度法、分子束法、分子光谱法以及利用微波谱的斯塔克法等,这里就不一一介绍了。

四、介电常数的测定

介电常数是通过测量电容计算而得到的。

测量电容的方法一般有电桥法、拍频法和谐振法。后两者抗干扰性能好、精度高,但仪器价格较贵。本实验采用电桥法,选用 CC-6 型小电容测量仪,将其与电容池配套使用。

电容池两极间在真空时和充满某物质时电容分别为 C_0 和 C_x,则某物质的介电常数 ε 与电容的关系为

$$\varepsilon = \frac{\varepsilon_x}{\varepsilon_0} = \frac{C_x}{C_0} \tag{1-4-14}$$

式中 ε_0 和 ε_x 分别为真空电容率和该物质的电容率。

当将电容池插在小电容测量仪上测量电容时,实际测量所得的电容应是电容池两极间的电容和整个测试系统中的分布电容 C_d 并联构成。C_d 是一个恒定值,称为仪器的本底值,在测量时应予扣除,否则会引进误差,因此必须先求出本底值 C_d,并在以后的各次测量中予以扣除。

仪器及试剂

1. 仪器:阿贝折射仪;小电容测量仪;电容池;超级恒温槽;比重管;电吹风机;容量瓶(50 mL)。

2. 试剂:乙酸乙酯($C_4H_8O_2$);四氯化碳(CCl_4)。所有试剂为分析纯。

实验步骤

一、溶液配制

用称重法配制 4 种不同浓度的乙酸乙酯-四氯化碳溶液,分别盛于容量瓶中。控制乙酸乙酯的浓度(摩尔分数)在 0.15 左右。操作时应注意防止溶质和溶剂的挥发以及吸收极性较大的水汽,为此,溶液配好后应迅速盖上瓶塞,并置于干燥箱中。

二、折射率的测定

在(25 ± 0.1)℃条件下用阿贝折射仪测定四氯化碳及各配制溶液的折射率。测定时注意各样品需加样三次,每次读取三个数据,然后取平均值。

三、介电常数的测定

1. 电容 C_0 和 C_d 的测定:本实验采用四氯化碳作为标准物质,其介电常数的温度公式为

$$\varepsilon_{标} = 2.238 - 0.002\ 0(t-20\ ℃) \tag{1-4-15}$$

式中 t 为恒温温度,℃;25 ℃时 $\varepsilon_{标}$ 应为 2.228。

用电吹风机将电容池两极间的间隙吹干,旋上金属盖,将电容池与小电容测量仪相连接,接通恒温浴导油管,使电容池恒温在(25.0 ± 0.1)℃。重复测量三次,取三次测量的平均值。

　　用滴管将纯四氯化碳从金属盖的中间口加入电容池中去,使液面超过二电极,并盖上塑料塞,以防液体挥发,恒温数分钟后,同上法测量电容值。然后打开金属盖,倾去二极间的四氯化碳(倒在回收瓶中),重新装样再次测量电容值。取两次测量的平均值。

　　2. 溶液电容的测定:测定方法与纯四氯化碳的测量相同。但在进行测定前,为了证实电容池电极间的残余液确已除净,可先测量以空气为介质时的电容值。如电容值偏高,则应再用电吹风机将电容池吹干,方可加入新的溶液。每个溶液均应重复测定两次,其数据的差值应小于 0.05 pF,否则要复测。所测电容读数取平均值,减去 C_d,即为溶液的电容值 $C_溶$。由于溶液易挥发而造成浓度易改变,故加样时动作要迅速,加样后塑料塞要塞紧。

　　3. 溶液密度的测定:将奥斯特瓦尔德-斯普林格(ostwald-sprengel)比重管(如图 1-4-2)仔细干燥后称量得 m_0,然后取下磨口小帽,将 a 支管的管口插入事先沸腾再冷却后的蒸馏水中,用针筒连以橡胶管从 b 支管管口慢慢抽气,将蒸馏水吸入比重管内,使水充满 b 端小球,盖上两个小帽,用不锈钢丝 c 将比重管浸在恒温水浴中,在 (25 ± 0.1)℃下恒温约 10 min,将比重管的 b 端略向上倾斜,用滤纸从 a 支管管口吸取管内多余的蒸馏水,以调节 b 支管的液面到刻度 d。从恒温槽中取出比重管,将两个磨口小帽套在 a、b 管口,先套 a 端,后套 b 端,并用滤纸吸干管外所沾的水,挂在天平上称量得 m_1。

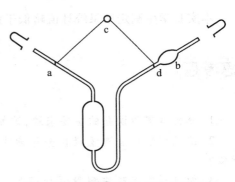

图 1-4-2 测定易挥发液体的比重管

　　同上法,对四氯化碳以及上述配制溶液分别进行测定,称得质量为 m_2。则四氯化碳和各溶液的密度为

$$\rho^{25\,℃} = \frac{m_2 - m_0}{m_1 - m_0} \cdot \rho_水^{25\,℃} \qquad (1-4-16)$$

实验数据处理

　　1. 按溶液配制的实测质量,计算四个溶液的实际摩尔分数 x_2。

　　2. 计算 C_0、C_d 和各溶液的 $C_溶$ 值,求出各溶液的介电常数 $\varepsilon_溶$;作 $\varepsilon_溶$-x_2 图,由直线斜率求算 a 值。

　　3. 计算纯四氯化碳及各溶液的密度,作 ρ-x_2 图,由直线斜率求算 β 值。

　　4. 作 $n_溶$-x_2 图,由直线斜率计算 γ 值。

　　5. 将 ρ_1、ε_1、α 和 β 值代入式(1-4-7)计算 P_2^∞。

　　6. 将 ρ_1、n_1、β 和 γ 值代入式(1-4-11)计算 R_2^∞。

　　7. 将 P_2^∞、R_2^∞ 值代入式(1-4-13)即可计算乙酸乙酯分子的偶极矩 μ 值。

　　8. 文献值。

乙酸乙酯分子的偶极矩

μ/D	$\mu/(10^{-30}\ C\cdot m)$	状态或溶剂	温度/℃
1.78	5.94	气	30~195
1.83	6.10	液	25
1.76	5.87	CCl_4	25
1.89	6.30	CCl_4	25

注:按 $1D=3.335\ 64\times10^{-30}\ C\cdot m$ 换算。

本实验学生测定结果统计值略低于此。

思考题

1. 分析本实验误差的主要来源,该如何改进?
2. 试说明溶液法测量极性分子永久偶极矩的要点,有何基本假定? 推导公式时作了哪些近似?
3. 如何利用溶液法测量偶极矩的"溶剂效应"来研究极性溶质分子与非极性溶剂的相互作用?

知识扩展

1. 由于溶液电容的温度系数很小,而且本实验只要求得稀溶液的 $\varepsilon_{溶}-x_2$ 的直线斜率,因此在室温变化不大时,可以在室温下进行测定。
2. 本实验所用试剂均易挥发,操作时注意勿因此而导致测量过程中溶液浓度的改变。
3. 溶液法测求极性分子的偶极矩,因其存在着"溶剂效应"而使得其测量值与真实值之间存在着偏差。
4. 关于偶极矩单位的说明。

迄今,文献中有关分子偶极矩的方程推导或数据单位,基本上都采用高斯 CGS 制。高斯 CGS 制所用偶极矩单位为德拜(D[ebye]),$1D=10^{-18}(erg\cdot cm^3)^{1/2}$ 或 $10^{-18}esu\cdot cm$。

高斯 CGS 制对真空电容率 ε_0 以及真空磁导率 μ_0 均规定为1。因此库仑定律对于相距为 d 的两电荷之间作用力的描述极其简单,它直接等于 q_1q_2/d^2。而当使用国际单位制时,导出的式中应有一常数 $(4\pi\varepsilon_0)^{-1}$。

从式(1-4-12)可得高斯 CGS 制下:

$$\mu=\sqrt{\frac{9k}{4\pi L}}\cdot\sqrt{(P_2^{\infty}-R_2^{\infty})T}=0.012\ 8/\sqrt{(P_2^{\infty}-R_2^{\infty})T} \qquad (1-4-17)$$

再从高斯 CGS 制换算成国际单位制时,极化度乘以 $4\pi\varepsilon_0$,这样,式(1-4-17)则成为

$$\mu = \sqrt{\frac{9\varepsilon_0 k}{L}} \cdot \sqrt{(P_2^{\infty} - R_2^{\infty})T}$$

$$= \sqrt{\frac{9\times 8.854\times 10^{-12}\ \mathrm{F \cdot m^{-1}} \times 1.380\ 66\times 10^{-23}\ \mathrm{J \cdot K^{-1}}}{6.022\ 14\times 10^{23}\ \mathrm{mol^{-1}}}} \sqrt{(P_2^{\infty} - R_2^{\infty})T} \qquad (1-4-18)$$

参考文献

第二部分

配 位 化 学

实验五　配合物的生成和性质

实验目的

1. 了解配合物的生成与组成。
2. 配离子与简单离子及配合物与复盐的区别。
3. 比较不同配体对配离子稳定性的影响。
4. 了解配合物形成对性质的改变及沉淀反应、氧化还原反应和溶液的酸度对配位平衡的影响。

仪器及试剂

1. 仪器:布氏漏斗;吸滤瓶;电动离心机。

2. 试剂:硫酸铜($CuSO_4 \cdot 5H_2O$);硫脲(CH_4N_2S);草酸铵(($NH_4)_2C_2O_4$);乙醇(C_2H_6O,95%);乙醚($C_4H_{10}O$);甘油($C_3H_8O_3$);四氯化碳(CCl_4);铜片;pH 试纸;浓硫酸(H_2SO_4,98.3%);浓氨水($NH_3 \cdot H_2O$,25%~28%);H_2SO_4溶液(1 mol · L^{-1});HCl 溶液(6 mol · L^{-1}、2 mol · L^{-1}、0.1 mol · L^{-1});H_3BO_3溶液(0.1 mol · L^{-1});NH_3溶液(6 mol · L^{-1}、2 mol · L^{-1});NaOH 溶液(2 mol · L^{-1});NaCl 溶液(0.1 mol · L^{-1});KBr 溶液(0.1 mol · L^{-1});KI 溶液(0.1 mol · L^{-1});NaCN 溶液(0.1 mol · L^{-1});KSCN 溶液(0.1 mol · L^{-1});NH_4F 溶液(10%);$CuSO_4$溶液(0.1 mol · L^{-1});$HgCl_2$溶液(0.1 mol · L^{-1});$BaCl_2$溶液(0.1 mol · L^{-1});$FeCl_3$溶液(0.10 mol · L^{-1});$FeSO_4$溶液(0.10 mol · L^{-1});$K_3[Fe(CN)_6]$溶液(0.1 mol · L^{-1});$K_4[Fe(CN)_6]$溶液(0.1 mol · L^{-1});Na_2S溶液(0.5 mol · L^{-1});H_2S 溶液(饱和);$AgNO_3$溶液(0.1 mol · L^{-1});$Na_2S_2O_3$溶液(0.1 mol · L^{-1});Ni_2SO_4溶液(0.1 mol · L^{-1});$SnCl_2$溶液(0.1 mol · L^{-1});$Fe(NO_3)_3$ 溶液(0.5 mol · L^{-1});二乙酰二肟溶液(1%乙醇溶液);EDTA 溶液(0.1 mol · L^{-1})。

实验基本原理及操作

配合物生成和性质的实验(Ⅰ)(常量实验)

1. 配合物的生成。

（1）[Cu(NH₃)₄]SO₄ 的生成。取 1 只 100 mL 烧杯，加入 3gCuSO₄·5H₂O，再加入 10 mL 含有几滴浓 H₂SO₄ 的水，加热溶解，冷却后，逐滴加入浓 NH₃·H₂O，生成浅蓝色 Cu₂(OH)₂SO₄ 沉淀，继续加入浓 NH₃·H₂O，边加边搅拌，直至生成深蓝色溶液。然后慢慢加入 5~6 mL 95% C₂H₅OH，析出深蓝色 [Cu(NH₃)₄]SO₄·H₂O 晶体。搅拌溶液，待沉淀完全后，抽滤，再用少量乙醚洗涤，抽干，即得 [Cu(NH₃)₄]SO₄·H₂O 晶体。写出反应方程式。取 1g[Cu(NH₃)₄]SO₄·H₂O 晶体，加入少量 NH₃·H₂O 溶液至晶体溶解，得 [Cu(NH₃)₂]²⁺ 溶液，留作下面实验用。

（2）K₂[HgI₄] 的生成。取 1 支试管，加入 1 滴 HgCl₂ 溶液（剧毒!），逐滴加入 KI 溶液，即有红色 HgCl₂ 沉淀生成，再继续加入过量 KI 溶液，观察现象。写出反应方程式。

2. 配合物的组成。

（1）取 2 支试管，各加入 0.5 mL CuSO₄ 溶液，然后分别加入 2 滴 BaCl₂ 溶液和 2 滴 NaOH 溶液，观察现象。写出反应方程式。

（2）取 2 支试管，各加入 0.5 mL 自制 [Cu(NH₃)₄]²⁺ 溶液，分别加入 2 滴 BaCl₂ 溶液和 NaOH 溶液，观察现象。写出有关反应方程式。根据实验结果，分析此铜氨配合物的内界和外界的组成。

3. 简单离子和配离子的区别。

形成配离子后，由于配体的配位作用，原来离子或化合物的存在形式、颜色、溶解性、氧化还原反应性能及酸碱性等方面都发生了变化。

（1）现有浓度均为 0.1 mol·L⁻¹ 的 FeSO₄、K₄[Fe(CN)₆]、FeCl₃、K₃[Fe(CN)₆]、KCNS 及 KI 等溶液，浓度为 0.5 mol·L⁻¹ 的 Na₂S 溶液和 CCl₄，试设计实验验证 Fe³⁺ 及 Fe²⁺ 与 CN⁻ 形成配离子后存在形式、沉淀及氧化还原反应性能方面的区别。

提示：[Fe(CN)₆]³⁻、[Fe(CN)₆]⁴⁻ 均为配离子。

（2）取 2 支试管，分别加入 1 mL 6 mol·L⁻¹ HCl 溶液，在其中 1 支试管加入一小匙硫脲 [CS(NH₂)₂]，然后在两试管中分别加入一小片铜片，加热，观察现象并解释之。

提示：Cu⁺ 与 CS(NH₂)₂ 反应生成了 Cu[CS(NH₂)₂]₂⁺。

4. 配合物与复盐、单盐的区别。

取 2 支试管，分别加入 0.5 mL K₃[Fe(CN)₆] 及 NH₄Fe(SO₄)₂ 溶液，然后再加入 KCNS 溶液 2 滴，观察溶液颜色变化，并与 3(1) 中 FeCl₃ 与 KCNS 反应的现象比较，说明之。

5. 配位平衡的移动。

（1）配位平衡与沉淀溶解平衡。在离心管内加入 0.5 mL AgNO₃ 溶液和 0.5 mL NaCl 溶液。离心分离，弃去清液，并用少量蒸馏水把沉淀洗涤两次，弃去洗涤液，然后加入 2 mol·L⁻¹ NH₃·H₂O 溶液至沉淀刚好溶解为止。

往以上溶液中加 1 滴 NaCl 溶液，是否有 AgCl 沉淀生成？再加入 1 滴 KBr 溶液，有无 AgBr 沉淀生成？沉淀是什么颜色？继续加入 KBr 溶液至不再产生 AgBr 沉淀为止。离心分离，弃去清液，并用少量蒸馏水把沉淀洗涤两次，弃去洗涤液，然后加入 Na₂S₂O₃ 溶液直至沉淀刚好溶解为止。

往以上溶液中加 1 滴 KBr 溶液，是否有 AgBr 沉淀产生？再加 1 滴 KI 溶液，有没有 AgI 沉淀产生？沉淀是什么颜色？继续加入 KI 溶液至不再产生 AgI 沉淀为止，以下处理方法同 AgBr 沉淀。

再以 NaCN 溶液（剧毒！）代替 $Na_2S_2O_3$，以 Na_2S 代替 KI 继续这个实验，观察现象。

由以上实验，讨论沉淀溶解平衡与配位平衡的相互影响，并比较 AgCl、AgBr、AgI 的 K_{sp} 的大小和 $[Ag(NH_3)_2]^+$、$[Ag(S_2O_3)_2]^{3-}$、$[Ag(CN)_2]^-$ 的 $K_{稳}$ 的大小，写出有关的离子反应方程式。

（2）配位平衡与氧化还原平衡。取 2 支试管分别滴 2 滴 $HgCl_2$ 溶液（有毒！），在其中 1 支试管中逐滴加入 KI 溶液，摇动至溶液澄清，然后分别加入 $SnCl_2$ 溶液 0.5 mL 摇动，观察有何现象。并解释之。

（3）配位平衡与酸碱平衡。取自制 $[Cu(NH_3)_4]^{2+}$ 溶液，然后逐滴加入稀 H_2SO_4，边滴边振荡，观察是否有沉淀生成。继续加入 H_2SO_4 至溶液呈现酸性，又有什么变化？解释现象，说明原因。

（4）配体的取代。取 2 支试管各加入 1 mL $Fe(NO_3)_3$ 溶液，在其中 1 支试管中滴加 6 mol·L^{-1} HCl 溶液，振荡后观察颜色有何变化。并比较。接着往这支试管中加几滴 KCNS 溶液，观察颜色有何变化。再往这支试管中滴加 NH_4F 溶液，观察颜色有何变化。最后往这支试管加入小半匙草酸铵，振荡后观察溶液颜色的变化。写出上述离子反应式，并说明反应进行的理由。

6. 螯合物的形成。

（1）取几滴 $NiSO_4$ 溶液，加入 2 滴 6 mol·L^{-1} $NH_3·H_2O$ 溶液和 2 滴二乙酰二肟的 C_2H_5OH 溶液，观察现象，写出反应式。

（2）取一小段 pH 试纸，在试纸的一端加入 1 滴 H_3BO_3 溶液，在试纸另一端加入 1 滴甘油，待甘油与 H_3BO_3 互相渗透，观察试纸两端及交错点的 pH，并解释之。

配合物生成和性质的实验（Ⅱ）（微型实验）

1. 配离子的生成和配合物的组成及制备。

（1）在小号的井穴板（见图 2-5-1）的 A_1 穴中加入 1 滴 $HgCl_2$ 溶液（有毒！）和 1 滴 KI 溶液，有何现象？再继续滴加 KI 溶液，观察现象，得到什么产物？写出反应式。

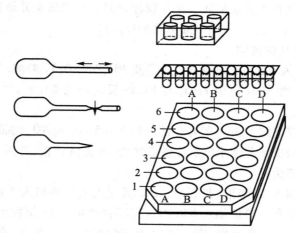

图 2-5-1　井穴板和多用滴管

（2）在井穴板的 A_2、A_3 二穴中分别加入 2 滴 $CuSO_4$ 溶液，然后在 A_2 穴中加入 3 滴 $BaCl_2$ 溶液，A_3 穴中加 3 滴 NaOH 溶液，观察现象，写出反应式。

另取一大号井穴板，在其中的一个井穴中加入 20 滴 $CuSO_4$ 溶液，逐滴加入 6 mol·L^{-1} $NH_3·H_2O$

溶液,边加边搅拌,有无沉淀生成? 继续滴入过量 $NH_3 \cdot H_2O$ 溶液,直至生成深蓝色溶液。用 1 支干净的多用滴管吸入此溶液,在 A_4、A_5 二穴中分别加入 2 滴该溶液,然后在 A_4 穴中加 $BaCl_2$ 溶液,在 A_5 穴中加 NaOH 溶液,观察有无沉淀生成。根据实验结果,分析说明铜氨配合物的外界和内界的组成,写出有关反应式。

将多用滴管内的深蓝色溶液保留 1/4 吸饱体积,然后弯曲多用滴管径管,吸入无水乙醇,混合均匀,观察晶体的析出。将此多用滴管放入离心机(注意径管不要过长),离心分离,弃去清液,将管内晶体保留,备用。

2. 配离子稳定性的比较。

(1) 配位剂对配离子稳定性的影响。在上述井穴板的 A_6 穴中加入 2 滴 $FeCl_3$ 溶液和 1 滴 KCNS 溶液,有何现象? 然后加饱和草酸铵溶液 3 滴,观察现象,再加 NaOH 溶液,有无沉淀生成? 解释上述现象。

在 A_7 穴中加入 2 滴 $K_3[Fe(CN)_6]$ 溶液,然后滴加 NaOH 溶液,是否有沉淀生成?

从实验现象判断三种 Fe(Ⅲ)配离子的稳定性大小。

(2) 配合物的转化及其掩蔽作用。在大号井穴板中加入 $CoCl_2$ 溶液 5 滴、戊醇 10 滴和 KCNS 溶液 10 滴,振荡后,观察戊醇层的颜色(此为 Co^{2+} 的鉴定方法)。再加入 1 滴 $FeCl_3$ 溶液,观察溶液颜色的变化(Fe^{3+} 对 Co^{2+} 鉴定产生什么作用)。然后一边振荡,一边向试管内逐滴加入 NH_4F 溶液数滴(以血红色刚好褪去为宜),用力振荡后,观察现象。分析产生上述现象的原因。

3. 配位平衡的移动。

(1) 配位平衡与沉淀溶解平衡的关系式。

① 在井穴板 A_3、A_9 二穴中,分别加入 1 滴 H_2S 溶液和草酸溶液,然后各加入 1 滴 $CuSO_4$ 溶液,观察沉淀的生成,再分别加入 $6\ mol \cdot L^{-1}\ NH_3 \cdot H_2O$ 溶液,有何现象产生? 试用平衡移动原理解释上述实验现象。

② 在井穴板的 A_{10} 穴中加入 1 滴 $AgNO_3$ 溶液和 1 滴 NaCl 溶液,有无沉淀生成? 加入 2 滴 KBr 溶液,有无变化? 然后加入 3 滴 $Na_2S_2O_3$ 溶液,搅拌,观察现象。再加入 1 滴 KBr 溶液,有无变化? 然后加入 3 滴 $Na_2S_2O_3$ 溶液,搅拌,观察现象。再加入 1 滴 KI 溶液,又有什么变化?

根据难溶物的溶度积和配合物的稳定常数解释上述一系列现象,写出有关的离子反应方程式。

(2) 配位平衡与氧化还原反应。

① 在井穴板的 C_1 穴中加入 1 滴 $HgCl_2$ 溶液,再逐滴加入 $SnCl_2$ 溶液,观察沉淀的生成和颜色的变化,写出反应方程式。

在 C_2 穴中加入 1 滴 $HgCl_2$ 溶液,再逐滴加入 KI 溶液至沉淀溶解,然后加入 $SnCl_2$ 溶液,与上述实验现象比较有何不同? 为什么?

② 在井穴板的 C_3、C_4 二穴中各加入 3 滴 $FeCl_3$ 溶液和 1 滴淀粉溶液,在 C_3 穴中再加入 3 滴 NH_4F 溶液,然后向两个穴中分别加入 KI 溶液,比较二者的现象,并加以解释。

(3) 配位平衡和介质的酸碱性。

在井穴板的 C_5、C_6 二穴中各加入 2 滴 $FeCl_3$ 溶液,再加入 NH_4F 溶液至刚变为无色,然后向 C_5 穴中加入 NaOH 溶液,向 C_6 穴中加入 $1:1\,H_2SO_4$ 溶液,观察现象。应用平衡移动原理解释观察到的现象,写出反应方程式。

（4）浓度对配位平衡的影响。

在 B 列井穴板的一个井穴中加入 3 滴 $CoCl_2$ 溶液,加入浓 HCl 溶液,观察溶液颜色的变化,再逐滴加水稀释,有何变化? 反复上述操作,对实验现象加以解释。

（5）自拟实验——$[Cu(NH_3)_4]^{2+}$ 配离子的破坏。

将制备的铜氨配合物晶体用少量 $2mol \cdot L^{-1}$ $NH_3 \cdot H_2O$ 溶液溶解,得到含 $[Cu(NH_3)_4]^{2+}$ 配离子的溶液,然后在井穴板 $C_7 \sim C_{10}$ 四个井穴中各加入 2 滴该溶液,按下列要求,根据平衡移动原理设计以下四种方法破坏 $[Cu(NH_3)_4]^{2+}$ 配离子;并写出有关反应方程式。① 利用酸碱反应;② 利用沉淀反应;③ 利用氧化还原反应;④ 利用生成更稳定配合物的方法。

4. 螯合物的性质。

（1）螯合物的稳定性。在井穴板的 D_1 穴中加入 1 滴 $FeCl_3$ 溶液和 1 滴 KSCN 溶液,在 D_2 穴中加入 2 滴 $[Cu(NH_3)_4]^{2+}$ 溶液,然后分别加入 EDTA 溶液,各有何现象产生? 解释现象。

（2）Ni^{2+} 的鉴定。在井穴板的 D_3 穴中加入 1 滴 $NiSO_4$ 溶液、1 滴 $6 \ mol \cdot L^{-1}$ $NH_3 \cdot H_2O$ 溶液和 2 滴 1%二乙酰二肟乙醇溶液,观察现象。

思考题

1. 你对实验目的是否有比较详细的了解? 如果没有,请阅读《无机化学》教科书中有关章节。本实验中通过哪些实验来达到上述目的? 你可列举出相似的例子吗?

2. 你是否对电动离心机的使用已经熟练掌握?

3. 配位反应常用来分离和鉴定某些离子。试设计一个实验方案,分离混合液中的 Ag^+、Fe^{3+}、Cu^{2+}。

4. 为什么 Na_2S 溶液不能使 $K_4[Fe(CN)_6]$ 溶液产生 FeS 沉淀,而饱和 H_2S 溶液能使 $[Cu(NH_3)_4]SO_4$ 溶液产生 CuS 沉淀? 试以计算结果说明。

参考文献

实验六 三氯化六氨合钴(Ⅲ)的制备及其组成测定

实验目的

1. 加深理解配合物的形成对三价钴盐的稳定性的影响。
2. 掌握沉淀滴定法——莫尔法。

实验基本原理

在通常情况下,二价钴盐较三价钴盐稳定得多,但是,它们在配合物状态下正相反,三价钴盐反而比二价钴盐稳定。通常采用空气或过氧化氢氧化二价钴的配合物的方法,来制备三价钴的配合物。

氯化钴(Ⅲ)的氨合物有许多种,主要有三氯化六氨合钴(Ⅲ)$[Co(NH_3)_6]Cl_3$(橙黄色晶体)、三氯化一水五氨合钴(Ⅲ)$[Co(NH_3)_5H_2O]Cl_3$(砖红色晶体)、二氯化一氯五氨合钴(Ⅲ)$[Co(NH_3)_5Cl]Cl_2$(紫红色晶体)等,它们的制备条件各不相同。三氯化六氨合钴(Ⅲ)的制备条件是以活性炭为催化剂,用过氧化氢氧化有氨及氯化铵存在的氯化钴(Ⅱ)溶液。反应方程式为

$$2CoCl_2 + 2NH_4Cl + 10NH_3 + H_2O_2 \Longrightarrow 2[Co(NH_3)_6]Cl_3 + 2H_2O$$

仪器及试剂

1. 仪器:锥形瓶;三颈瓶;布氏漏斗;吸滤瓶;水循环真空泵;滴定管;氨的测定装置。
2. 试剂:六水合氯化钴($CoCl_2 \cdot 6H_2O$);氯化铵(NH_4Cl);活性炭;浓氨水($NH_3 \cdot H_2O$,25%~28%);过氧化氢溶液(H_2O_2,6%);浓盐酸(HCl,36%~38%);HCl标准溶液(HCl,0.5 mol·L^{-1});NaOH标准溶液(0.5 mol·L^{-1});$Na_2S_2O_3$标准溶液(0.1 mol·L^{-1});$AgNO_3$标准溶液(0.1 mol·L^{-1})。

实验步骤

1. $[Co(NH_3)_6]Cl_3$的制备。

将4.5g研细的六水合氯化钴$CoCl_2 \cdot 6H_2O$和3g氯化铵溶于10 mL水中,加热溶解后倾入一

盛有 0.3 g 活性炭的 100 mL 锥形瓶中。冷却后,加入 10 mL 浓氨水,进一步冷却至 10 ℃以下,缓慢加入 10 mL 6% H_2O_2 溶液,同时搅拌。水浴加热至 60 ℃,保温 20 min。以流水冷却后再以冰水浴冷却至 0 ℃左右。减压过滤,将沉淀溶于含有 1.5 mL 浓盐酸的 40 mL 沸水中。趁热减压过滤,慢慢加入 8 mL 浓盐酸于滤液中,即有橙黄色晶体析出,冰水浴冷却。减压过滤,晶体用少量冷的稀盐酸洗涤。将产品在 105 ℃烘干 2 h。

2. $[Co(NH_3)_6]Cl_3$ 组成的测定。

(1) 氨的测定:精确称取 0.2 g 左右的产品,加 80 mL 水溶解,注入图 2-6-1 所示的盛样品液的三颈瓶中,然后逐滴加入 10 mL 10% NaOH 溶液,通入水蒸气,将溶液中的氨全部蒸出,用 30.00 mL 0.5 mol·L^{-1} HCl 标准溶液吸收。蒸馏 40~60 min。取下接收瓶,加入 2 滴 0.1% 甲基红指示剂,用 0.5 mol·L^{-1} NaOH 标准溶液滴定过剩的 HCl。

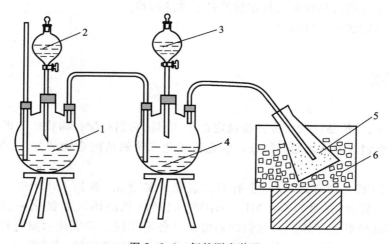

图 2-6-1　氨的测定装置

1、2—水;3—10%NaOH 溶液;4—样品液;5—0.5 mol·L^{-1}HCl 溶液;6—冰盐水

(2) 钴的测定:精确称取 0.2 g 左右的产品,加 20 mL 水溶解。加入 10 mL 10% NaOH 溶液,加热,将氨全部赶走后,冷却。也可取上面氨的测定中已赶走氨的样品液。加入 1 g 碘化钾固体和 10 mL 6 mol·L^{-1} HCl 溶液,于暗处放置 5 min 左右。用 0.1 mol·L^{-1} $Na_2S_2O_3$ 标准溶液滴定到浅黄色,加入 5 mL 新配的 0.1% 淀粉溶液,再滴至蓝色消失。

(3) 氯的测定:准确称取产品两份(自己计算所需的量),分别加入 25 mL 水溶解。加入 1 mL 5% K_2CrO_4 溶液为指示剂,用 0.1 mol·L^{-1} $AgNO_3$ 标准溶液滴定至出现淡红色不再消失为终点。

实验数据处理

1. 根据滴定结果,分别计算样品中的氨含量、钴含量和氯含量。
2. 由以上计算氨、钴和氯的结果,写出产品的实验式。

思考题

1. 在制备 $[Co(NH_3)_6]Cl_3$ 过程中,氯化铵、活性炭和过氧化氢各起什么作用?

2. 在制备 $[Co(NH_3)_6]Cl_3$ 过程中,为什么在溶液中加了 H_2O_2 后要在 60 ℃恒温一段时间? 为什么在滤液中加入浓盐酸?

3. 测定钴含量时,样品液中加入 10% NaOH 溶液,加热后出现棕黑色沉淀,这是什么化合物? 加入碘化钾和 6 mol·L^{-1} HCl 溶液后,为什么要在暗处放置? 放置 5 min 左右后,沉淀溶解,生成什么化合物?

4. 氯的测定原理是什么?

参考文献

实验七　三草酸根合铁(Ⅲ)酸钾的制备及其化学式的确定

实验目的

1. 制备三草酸根合铁(Ⅲ)酸钾,加深对三价铁和二价铁化合物性质的了解。
2. 学习确定化合物化学式的基本原理及方法。

实验基本原理

三草酸根合铁(Ⅲ)酸钾 $K_3[Fe(C_2O_4)_3] \cdot 3H_2O$ 是一种绿色的单斜晶体,溶于水而不溶于乙醇。本实验为了制备纯的三草酸根合铁(Ⅲ)酸钾晶体,首先利用硫酸亚铁铵与草酸反应制备出草酸亚铁:

$$(NH_4)_2Fe(SO_4)_2 \cdot 6H_2O + H_2C_2O_4 \Longrightarrow FeC_2O_4 \cdot 2H_2O + (NH_4)_2SO_4 + H_2SO_4 + 4H_2O$$

然后在草酸根离子的存在下,用过氧化氢将草酸亚铁氧化为草酸高铁化合物,加入乙醇后,溶液中形成 $K_3[Fe(C_2O_4)_3] \cdot 3H_2O$ 晶体析出,反应式可写为

$$2FeC_2O_4 \cdot 2H_2O + H_2O_2 + 3K_2C_2O_4 + H_2C_2O_4 \Longrightarrow 2K_3[Fe(C_2O_4)_3] \cdot 3H_2O$$

$K_3[Fe(C_2O_4)_3] \cdot 3H_2O$ 加热到 100 ℃脱去结晶水,通过质量的变化可以确定结晶水。配离子的组成可通过化学分析确定,其中 $C_2O_4^{2-}$ 含量可直接由 $KMnO_4$ 标准溶液在酸性介质中滴定测得。Fe^{3+} 含量可先用过量锌粉将其还原为 Fe^{2+},然后再用 $KMnO_4$ 标准溶液滴定测得。

仪器及试剂

1. 仪器:烧杯;锥形瓶;干燥器;布氏漏斗;吸滤瓶;水循环真空泵;滴定管。
2. 试剂:硫酸亚铁铵($(NH_4)_2Fe(SO_4)_2 \cdot 6H_2O$);$H_2SO_4$ 溶液($3\ mol \cdot L^{-1}$);$H_2C_2O_4$ 溶液($1\ mol \cdot L^{-1}$);$K_2C_2O_4$ 溶液(饱和);乙醇溶液(C_2H_6O,95%);$KMnO_4$ 标准溶液($0.02\ mol \cdot L^{-1}$)。

实验步骤

（1）草酸亚铁铵的制备：称取 5.0 g(NH$_4$)$_2$Fe(SO$_4$)$_2$·6H$_2$O 固体放入 200 mL 烧杯中，加入 20 mL 蒸馏水和 5 滴 3 mol·L^{-1} H$_2$SO$_4$ 溶液，加热使其溶解。然后加入 25 mL 1 mol·L^{-1} H$_2$C$_2$O$_4$ 溶液，加热至沸，不断搅拌，便得黄色 FeC$_2$O$_4$·2H$_2$O 晶体，静置沉降后用倾析法弃去上层溶液。往沉淀上加 20 mL 蒸馏水，搅拌并温热，静置，再弃去清液（尽可能把清液倾干净些）。

（2）三草酸根合铁(Ⅲ)酸钾的制备：在上述沉淀中加入 15 mL 饱和 K$_2$C$_2$O$_4$ 溶液，水浴加热至约 40 ℃，用滴管慢慢加入 20 mL 3%H$_2$O$_2$ 溶液，不断搅拌并保持温度在 40 ℃左右，此时会产生氢氧化铁沉淀。将溶液加热至沸，不断搅拌，一次加入 5 mL 1 mol·L^{-1} H$_2$C$_2$O$_4$ 溶液，然后再滴加 H$_2$C$_2$O$_4$ 溶液，并保持接近沸腾的温度，直至体系变成绿色透明溶液。稍冷后，向溶液中加入 10 mL 95%乙醇溶液，继续冷却，即有晶体析出，减压过滤，产品在 70~80 ℃干燥，称量。也可将棉线绳加入 10 mL 95%乙醇溶液的清液中，用表面皿盖住烧杯，暗处放置到第二天，即有晶体在棉线绳上析出，用倾析法分离出晶体，干燥，称量。

（3）产品化学式的确定：将所得产物研成粉状。

① 结晶水的测定。精确称取 0.5~0.6 g 已干燥的产物 2 份，分别放入 2 个已干燥的称量瓶中，置于烘箱中。在 110 ℃干燥 1 h，再在干燥器中冷却至室温，称量。重复干燥、冷却、称量等操作直至质量恒定。

② 草酸根含量的测定。准确称取 0.18~0.22 g 110 ℃干燥、质量恒定后的样品 3 份，分别放入 3 个 250 mL 锥形瓶中，加入 50 mL 水和 15 mL 2 mol·L^{-1}硫酸。用 0.02 mol·L^{-1} KMnO$_4$ 标准溶液滴定至终点。滴定完的 3 份溶液保留待用。

③ 铁含量的测定。在草酸根含量测定步骤中保留的溶液中加入还原锌粉，直到黄色消失。加热溶液 2 min 以上，使 Fe^{3+} 还原为 Fe^{2+}，过滤除去多余的锌粉，洗涤锌粉，使 Fe^{2+}定量地转移到滤液中。滤液放入另一锥形瓶中，用 0.02 mol·L^{-1} KMnO$_4$ 标准溶液滴定至终点。

实验数据处理

1. 根据实验结果分别计算结晶水含量、草酸根的含量、铁的含量。
2. 根据实验结果推算出三草酸根合铁(Ⅲ)酸钾产物的化学式。

思考题

1. 在制备步骤中，向最后的溶液中加入乙醇的作用是什么？能否用蒸发浓缩或蒸干溶液的方法来提高产率？

2. 用 $FeSO_4$ 为原料合成 $K_3[Fe(C_2O_4)_3] \cdot 3H_2O$，也可用 HNO_3 代替 H_2O_2 作氧化剂，你认为用哪个作氧化剂较好，为什么？

参考文献

实验八　二茂铁及其衍生物的合成

实验目的

1. 合成二茂铁,掌握无氧实验操作技术。
2. 合成二茂铁衍生物——钨硅酸二茂铁。

实验基本原理

二茂铁又名双(环戊二烯基)合铁,是由两个环戊二烯基阴离子和一个二价铁阳离子组成的夹心型化合物,属于 D_{5d} 点群。其分子式为 $(C_5H_5)_2Fe$,为橙黄色针状或粉末状结晶,具有类似樟脑的气味,熔点 173~174 ℃,沸点 249 ℃,100 ℃以上能升华,加热至 500 ℃也不分解,不溶于水,溶于甲醇、乙醇、乙醚、石油醚、汽油、煤油、柴油、二氯甲烷、苯等有机溶剂,具有高度热稳定性、化学稳定性和耐辐射性。二茂铁与芳香族化合物相似,不容易发生加成反应,容易发生亲电取代反应。二茂铁及其衍生物被广泛用于火箭燃料添加剂、汽油抗震剂、橡胶熟化剂和紫外线吸收剂等。自 20 世纪 50 年代初 Kealey T J 等人用环戊二烯溴化镁与无水三氯化铁反应制得二茂铁以来,已相继研究开发出多种制备二茂铁的方法。目前二茂铁的制备方法可分为四类:无水氯化亚铁法、四水合氯化亚铁法、相转移催化法和电化学合成法。

本实验将采用四水合氯化亚铁法制备二茂铁。基本原理:强碱 NaOH 或 KOH 用作环戊二烯的脱质子试剂,同时还是一种很好的脱水剂,可以省略通常的水合氯化亚铁的脱水步骤。在氮气氛、室温、常压下,以二甲基亚砜(或 N,N-二甲基钾酰胺、1,2-二甲氧基乙烷)为溶剂,新蒸馏的环戊二烯与强碱反应,生成环戊二烯负离子,再将其与四水合氯化亚铁反应生成二茂铁。

$$C_5H_6 + NaOH =\!\!=\!\!= C_5H_5Na + H_2O$$

$$2C_5H_5Na + FeCl_2 \cdot 4H_2O + 4NaOH =\!\!=\!\!= (C_5H_5)_2Fe + 2NaCl + 4NaOH \cdot H_2O$$

$(C_5H_5)_2Fe$ 在酸性溶液中容易氧化成蓝色的 $(C_5H_5)_2Fe^+$,加入体积很大的十二钨硅酸会形成钨硅酸二茂铁沉淀。

$$4(C_5H_5)_2Fe^+ + [Si(W_3O_{10})_4]^{4-} =\!\!=\!\!= [(C_5H_5)_2Fe^+]_4[Si(W_3O_{10})_4] \downarrow$$

仪器及试剂

1. 仪器:电加热套;单口烧瓶;蒸馏头;冷凝管;温度计;分馏柱;接收瓶;羊角管;三颈瓶;分液

漏斗;滴液漏斗。

2. 试剂:二聚环戊二烯($C_{10}H_{12}$);1,2-二甲氧基乙烷($C_4H_{10}O_2$);氢氧化钾(KOH);氯化亚铁($FeCl_2 \cdot 4H_2O$);二甲基亚砜(C_2H_6OS);十二钨硅酸($H_4SiW_{12}O_{40} \cdot xH_2O$);HCl 溶液(6 mol·$L^{-1}$)。

实验步骤

(1) 环戊二烯的解聚。在 25 mL 烧瓶中装入约 8 mL 二聚环戊二烯,烧瓶口上装分馏柱,柱外包裹石棉绳,柱顶装上蒸馏头(并附有温度计)和冷凝管,如图 2-8-1 所示。加热蒸馏,收集 39~43 ℃ 馏分约 10 mL,馏出液当即使用,或密封保存在干冰或液氮浴中备用。

(2) 二茂铁的合成及鉴定:如图 2-8-2 所示在 150 mL 三颈瓶中,瓶的一个侧颈通 N_2(中间连有汞计泡器)。在烧瓶中加入 80 mL 1,2-二甲氧基乙烷和 36gKOH 粉末(直径小于 0.5 mm)。在通入氮气并缓慢搅拌的同时,加入 10 mL 新蒸出的环戊二烯,将另一侧颈塞紧,并打开滴液漏斗旋塞,在估计有99%空气已从三颈瓶中排出后,关闭滴液漏斗旋塞,向滴液漏斗中注入含有 8.0gFeCl$_2$·4H$_2$O的 40 mL 二甲基亚砜溶液,关闭滴液漏斗上口。将混合物猛烈搅拌 10 min 后,逐滴加入氯化亚铁溶液,调节滴加速度,使全部溶液在 45 min 内加完,继续搅拌 1 h,冷却至室温。将反应混合物倾入 120 mL 6 mol·L^{-1}盐酸中,搅拌 15 min,减压过滤,用水洗涤,将产物摊在表面皿上自然干燥,或真空干燥,称量。

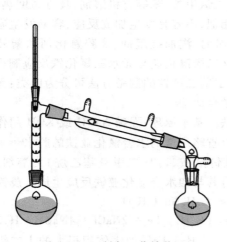

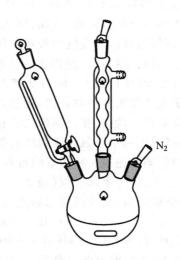

图 2-8-1　制备二茂铁装置　　　　　图 2-8-2　制备二茂铁装置

用熔点仪或毛细管封管测定二茂铁产品的熔点,并与文献值(172.5~173.0 ℃)比较。将二茂铁产品用 KBr 压片法在红外光谱仪上进行分析,所得红外光谱图与标准谱图比较。

(3) 钨硅酸二茂铁的合成:0.5 g 二茂铁溶解在 10 mL 浓硫酸中,充分反应 30 min,缓慢注入 150 mL 水中,减压过滤。向滤液中加入十二钨硅酸溶液(2.5 g 十二钨硅溶解在 20 mL 水中),即可得到淡蓝色的钨硅酸二茂铁沉淀,减压过滤,在空气中干燥,称量。

实验数据处理

1. 计算合成的二茂铁产率。
2. 计算合成的硅钨酸二茂铁产率。

思考题

1. 四水合氯化亚铁制备二茂铁的方法较无水氯化亚铁法有何优点？
2. 分析影响二茂铁产率的因素。

参考文献

实验九　氧载体模拟化合物的制备、表征和载氧作用

实验目的

1. 通过[Co(Ⅱ)(Salen)]配合物的制备掌握配合物化学中的一些基本操作技术。
2. 通过模拟化合物[Co(Ⅱ)(Salen)]配合物的吸氧测量和放氧观察了解载氧作用机制。

实验基本原理

20世纪70年代初,生物学的研究发展到了分子水平,一些生物化学家开始认识到,生物体内的金属常与蛋白质和核酸等生物大分子形成配合物而起重要作用,因此越来越多地应用到无机化学的理论和技术;另一方面,无机化学家也逐渐重视生物体系中的无机化学研究,从而大大促进了彼此间的相互渗透,自然地形成了一门崭新的学科——生物无机化学。

生物无机化学作为一门新兴学科,目前还处于蓬勃发展的阶段。生物无机化学是应用无机化学的方法和理论,研究生物体系中金属及其痕量元素化合物与生物体系(及模型体系)的相互作用的化学。其主要目的是探索金属离子与机体内生物大分子相互作用的规律。因为这些物质直接参与生物体的新陈代谢、生长发育和繁殖功能,因此可以认为生物无机化学是在分子水平上研究和探讨生命的现象、起源和进化的学科。

生物无机化学涉及的范围极为广泛,金属蛋白和金属酶的结构、性质及其模拟的研究是其中的重要内容。人体必需的金属元素绝大多数与金属蛋白有关,金属离子使它们具有各种生物活性,推动、调节、控制各种生命过程。金属蛋白和金属酶表现出的生物活性固然与金属离子有关,但金属离子脱离了蛋白质,在生理条件下,也不能表现出生物活性,生物无机化学通过研究金属蛋白中含金属离子的键合位置和活性中心周围环境的结构、蛋白质链在保证金属离子正常工作中所做的贡献,以及它们与底物的键合方式等,阐明金属离子在蛋白质影响下的工作情况,其研究方法大致有以下两种:一种是通过研究不同结构的模拟物和修饰物的活性差异,总结结构与功能的关系及其影响因素,进而寻找具有类似活性的合成物质以代替天然酶用于医药、工农业生产。另一种是将天然酶和金属蛋白当作配合物来研究。

人们很早就发现,在一些比较简单的无机配合物中可以观察到类似于金属蛋白(氧载体)的吸氧、放氧现象。这些简单的无机配合物已广泛地用作研究载氧体的模拟化合物。其中研究得较多的是钴的配合物,如双水杨醛缩乙二胺合钴[Co(Ⅱ)(Salen)](图2-9-1)。

从钴配合物的载氧作用研究中发现,它们与氧的结合可以有两种不同类型:

$$CoL_n + O_2 \Longrightarrow L_nCoO_2$$
$$2CoL_n + O_2 \Longrightarrow L_nCo-O_2-CoL_n$$

由于配体 L 性质、反应温度、使用溶剂等条件的不同,Co 与 O_2 的物质的量之比可以是 1:1 或 2:1。

本实验以［Co(Ⅱ)(Salen)］为例来观察配合物的吸氧和放氧作用,［Co(Ⅱ)(Salen)］配合物制备条件的不同可以有两种不同的固体形态存在,一种是棕褐色黏性产物(活性型),在室温下能迅速吸收氧气;另一处是暗红色晶体(非活性型),在室温下稳定,不吸收氧气,它们的结构如图 2-9-2 所示。

由图 2-9-2 可见,活性型［Co(Ⅱ)(Salen)］配合物是一个双聚体,其中一个［Co(Ⅱ)(Salen)］分子中的 Co 原子和另一个分子中的 Co 原子相结合;非活性型［Co(Ⅱ)(Salen)］配合物也是一个双聚体,它是一个［Co(Ⅱ)(Salen)］分子中的 Co 原子与另一个分子中的 O 原子相结合,活性型［Co(Ⅱ)(Salen)］配合物在室温下能吸氧,而在高温下放出氧气,这种循环作用可进行多次,但载氧能力随着循环的进行而不断降低。

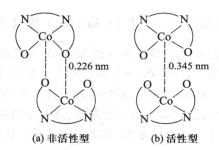

图 2-9-2　［Co(Ⅱ)(Salen)］配合物的结构

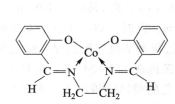

图 2-9-1　［Co(Ⅱ)(Salen)］配合物
(Salen 为双水杨醛缩乙二胺)

非活性［Co(Ⅱ)(Salen)］配合物在某些溶剂(L)中,如二甲基亚砜(DMSO)、二甲基甲酰胺(DMF)、吡啶(Py)等,能与溶剂配位而成活性型,后者能迅速吸氧而形成一种 2:1 的加合物｛［Co(Ⅱ)(Salen)］$_2$L$_2$O$_2$｝。其结构为

$$L-Co-O-O-Co-L$$

在 DMF 溶剂中所形成的氧加合物［Co(Ⅱ)(Salen)］$_2$(DMF)$_2$O$_2$ 是细颗粒状的暗褐色沉淀,不易过滤,可用离心分离法得到暗褐色沉淀,加合物中 Co 和 O 的物质的量之比可用气体容积测量法测定。

［Co(Ⅱ)(Salen)］$_2$(DMF)$_2$O$_2$ 加合物加进弱电子给予体氯仿或苯后,将慢慢溶解,不断放出细小的氧气流,并产生暗红色的［Co(Ⅱ)(Salen)］溶液。

$$［Co(Ⅱ)(Salen)］_2(DMF)_2O_2 \xrightarrow{CHCl_3} ［Co(Ⅱ)(Salen)］+O_2+2DMF$$

仪器及试剂

1. 仪器：制备装置（图 2-9-3）；电导率仪；红外光谱仪；紫外-可见分光光度计；离心机；氮气钢瓶；量筒 1 个；吸氧装置（图 2-9-4）；真空干燥器（或红外光灯）；氧气钢瓶；刻度移液管（2 mL）1 支；离心管（5 mL）2 支。

2. 试剂：水杨醛（$C_7H_6O_2$）；醋酸钴［$Co(CH_3COO)_2 \cdot 4H_2O$］；二甲基酰胺（DMF）（或二甲基亚砜（DMSO））；乙二胺（$C_2H_8N_2$）；乙醇（C_2H_6O，95%）；氯仿（$CHCl_3$）。

实验步骤

一、非活性［Co(II)(Salen)］配合物的制备

在制备装置图 2-9-3 的 250 mL 三颈瓶中注入 80 mL 95%乙醇，再注入 1.6 mL 水杨醛。在搅拌情况下，注入 0.7 mL 70%的乙二胺，让其反应 4~5 min。此时生成亮黄色的双水杨醛缩乙二胺片状晶体，然后向三颈瓶中通入氮气赶尽装置中的空气，再调节氮气流使速度稳定在每秒一个气泡，这时使冷却水进入冷凝管，并开始加热水浴使温度保持在 338~343 K。溶解 1.9 g 四水合醋酸钴于 15 mL 热水中，在亮黄色片状晶体全部溶解后，把醋酸钴溶液滴入三颈瓶中，立即生成棕色的胶状沉淀，在 338~343 K 搅拌 1 h，在这段时间内棕色沉淀物慢慢转为暗红色晶体，移去水浴

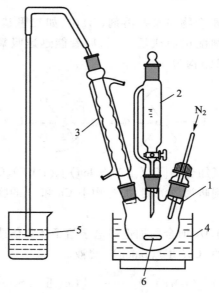

图 2-9-3　制备装置

1—三颈瓶；2—滴液漏斗；3—冷凝管；4—水浴；5—水封；6—磁搅拌

用冷水冷却反应瓶,再中止氮气流。在砂芯漏斗中过滤晶体,并用5 mL水洗涤三次,然后用5 mL 95%乙醇洗涤,在真空干燥器中干燥(或红外灯烘干)产品,最后称量并计算产率。

二、〔Co(Ⅱ)(Salen)〕配合物的表征

1. 测定溶液的电导率。(甲醇溶液,浓度约 1×10^{-3} mol·L^{-1})
2. 测定配合物的红外光谱。
3. 测定配合物的电子光谱。(氯仿溶液,浓度为 5×10^{-5} mol·L^{-1})

三、〔Co(Ⅱ)(Salen)〕配合物的吸氧测定

首先检查吸氧装置(图2-9-4)是否漏气,打开三通旋塞2使支试管只与量气管相通,把水准调节器下移一段距离,并固定在一定的位置。如果量气管中的液面仅在开始时稍有下降,以后即维持恒定,这表明装置不漏气;如果液面继续下降则表明装置漏气。这时应检查各接口处是否密闭,经检查和调整后再重复试验,直至不漏气为止。

然后把5~8 mL DMF(DMSO)放进支试管中,在小试管中准确称取0.05~0.1g的〔Co(Ⅱ)(Salen)〕配合物,用镊子小心地把小试管放进支试管中,注意此时不能让DMF进入小试管,随后使氧气进入支试管,赶去装置中的空气并使整个装置中充满氧气,关闭三通旋塞使氧气停止进入。调节水准调节器的液面,与量气管内液面在同一水平,这时装置内的压力与大气压相等,读出量气管中液面的刻度读数。再小心地倒转支试管使DMF进入小试管,并经常摇动支试管(用试管夹操作减少热量传递),一直到量气管中液面不再变化为止(20~30 min),在不同时间段(每隔3~5 min)读出量气管中液面的刻度读数,并记录当时的室温和大气压力。

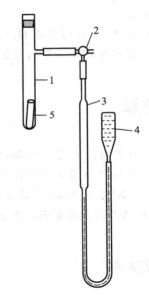

图 2-9-4　吸氧装置
1—支试管;2—三通旋塞;3—量气管;
4—水准调节器;5—小试管

四、加合物在氯仿中反应的观察

把上面气体测量后的氧加合物〔Co(Ⅱ)(Salen)〕$_2$(DMF$_2$O$_2$)转移到两支离心管中,使这两支离心管保持质量平衡,然后在离心机上离心分离使沉淀沉积在离心管底部,小心除去上层溶液,得到暗褐色的加合物固体,保留在离心管底部,沿管壁注入5 mL氯仿,不要摇动或搅动,细心观察管内所发生的现象。

实验结果和讨论

1. 〔Co(Ⅱ)(Salen)〕配合物的吸氧体积。

量气管起始读数/mL	量气管终读数/mL			吸氧体积/mL			平均体积/mL
	1	2	3	1	2	3	

室温：_____ K,大气压力：_____ Pa。

室温时水的饱和蒸气压：_____ Pa。

2. O_2 与［Co（Ⅱ）（Salen）］配合物物质的量之比的计算。

［Co（Ⅱ）（Salen）］配合物的物质的量 n_1：

$$n_1 = \frac{m}{M}$$

式中 m 为［Co（Ⅱ）（Salen）］配合物的质量；M 为［Co（Ⅱ）（Salen）］配合物的摩尔质量（325 g·mol^{-1}）。

O_2 的物质的量 n_2：

由理想气体方程 $pV = nRT$，测得一定温度和压力下吸收氧气的体积，就可以求出 O_2 的物质的量 n_2。

由 n_1 和 n_2 即可求得 O_2 与［Co（Ⅱ）（Salen）］配合物的物质的量之比。

3. 观察并解释加合物在氯仿中的现象，并用反应方程式表示。

思考题

1. 在制备［Co（Ⅱ）（Salen）］配合物过程中通氮起何作用？

2. 说明［Co（Ⅱ）（Salen）］配合物的吸氧和放氧过程，并用反应式表示。

3. ［Co（Ⅱ）（Salen）］配合物在溶剂 DMF 和 CHCl$_3$ 中有两种性质截然不同的吸氧和放氧作用，试从溶剂性质来解释其所起的作用。

参考文献

第三部分

胶 体 化 学

实验十　溶胶的制备和性质

1. 利用不同的方法制备胶体溶液,并利用热渗析法进行纯化。
2. 了解胶体的光学性质和电学性质。
3. 研究电解质对憎液胶体稳定性的影响。

实验基本原理

固体以胶体分散程度分散在液体介质中即组成溶胶,溶胶的基本特征为
（1）多相体系,相界面很大。
（2）胶粒直径大小在 $1 \sim 100$ nm。
（3）热力学不稳定体系（要依靠稳定剂使其形成离子或分子吸附层,才能得到暂时的稳定）。
溶胶的制备方法可分为两类。
1. 分散法。即把较大的物质颗粒变为胶体大小的质点,常用的分散法有
（1）机械作用法。如用胶体磨或其他研磨方法把物质分散。
（2）电弧法。以金属为电极通电产生电弧,金属受高热变成蒸气,并在液体中凝聚成胶体质点。
（3）超声波法。利用超声波场的空化作用,将物质撕碎成细小的质点,它适用于分散硬度低的物质或制备乳状液。
（4）胶溶作用。由于溶剂的作用,使沉淀重新"溶解"成胶体溶液。
2. 凝聚法。即把物质的分子或离子聚合成胶体大小的质点,常用的凝聚法有
（1）凝结物质蒸气。
（2）变换分散介质或改变实验条件（如降低温度）,使原来溶解的物质变成不溶。
（3）在溶液中进行化学反应,生成一种不溶解的物质。
制成的胶体溶液中常有其他杂质存在,而影响其稳定性,因此必须纯化,常用的纯化方法是半透膜渗析法,渗析时,以半透膜隔开胶体溶液和纯溶剂,胶体溶液中的杂质,如电解质及小分子能透过半透膜,进入溶剂中,而胶粒却不透过,如果不断更换溶剂,则可把胶体溶液中的杂质除去,要提高渗析速度,可用热渗析或电渗析的方法。

　　胶粒大小的分布随着制备条件和存放时间而异,不同大小的胶粒对光的散射性质不同,根据瑞利公式,若胶粒尺寸在 1~100 nm,散射光强与入射光波长的 4 次方成反比,当白光在溶胶中散射时,波长短的散射光强度大,散射光呈淡蓝色,透射光则呈现淡红色,从散射光和透射光颜色的变化,可看出胶粒大小变化情况,由于胶粒能散射光,而真溶液散射光极弱,当一束光透过溶胶时,可看到"光路",即丁铎尔现象,根据此性质可判断一清亮溶液是胶体溶液还是真溶液。

　　胶粒是带电荷的质点,带有过剩的负电荷或正电荷,这种电荷是从分散介质中吸附或解离而得。研究胶粒的电性能深入了解胶粒形成过程和胶粒的结构。

　　胶体稳定的原因是胶体表面带有电荷以及胶粒表面溶剂化层的存在,憎液胶体的稳定性主要取决于胶粒表面电荷的多少,憎液胶体在加入电解质后能聚沉,起聚沉作用的主要是与胶粒带电相反的离子,一般说来,反号离子的聚沉能力顺序是:三价>二价>一价。但不成简单的比例,聚沉能力的大小通常用聚沉值表示,聚沉值是使胶粒发生聚沉时需要电解质的最小浓度值,其单位为 $mol \cdot L^{-1}$,正常电解质的聚沉值与胶粒电荷相反离子的价数 6 次方成反比。

　　亲液胶体(如动物胶、蛋白质等)的稳定性主要取决于胶粒表面的溶剂化层,因此加入少量盐类不会引起明显的沉淀,但若加入酒精等能与溶剂紧密结合的物质,则能使亲液胶体聚沉,亲液胶体的聚沉常常是可逆的,即当加入过多的酒精等物质时,聚沉的亲液溶胶又能自动地转变为胶体溶液,如果将亲液胶体加入憎液胶体中,则在绝大多数情况下,可以增加憎液胶体的稳定性,这一现象称为保护作用,保护作用可通过聚沉值的增加显示出来。

仪器及试剂

　　1. 仪器:试管;烧杯;量筒;移液管;锥形瓶;银电极;滴定管;电阻丝;观察丁铎尔现象的暗箱。
　　2. 试剂:NaCl 溶液($5\ mol \cdot L^{-1}$);$Na_2S_2O_3$ 溶液($0.1\ mol \cdot L^{-1}$);NaOH 溶液($0.001\ mol \cdot L^{-1}$);H_2SO_4 溶液($0.1\ mol \cdot L^{-1}$);$AlCl_3$ 溶液($0.001\ mol \cdot L^{-1}$);$FeCl_3$ 溶液(10%、20%);K_2SO_4 溶液($0.01\ mol \cdot L^{-1}$);KI 溶液($0.01\ mol \cdot L^{-1}$);$K_3Fe(CN)_6$ 溶液($0.001\ mol \cdot L^{-1}$);$AgNO_3$ 溶液($0.01\ mol \cdot L^{-1}$);$NH_3 \cdot H_2O$ 溶液(10%);松香;硫黄;酒精。

实验步骤

　　1. 胶体溶液的制备。
　　(1) 化学反应法。
　　① $Fe(OH)_3$ 溶胶(水解法)。在 250 mL 烧杯中放 95 mL 蒸馏水,加热至沸,慢慢地滴入 5 mL 10% $FeCl_3$ 溶液,并不断搅拌,加完后继续沸腾几分钟,水解后,得红棕色的氢氧化铁溶胶,其结构可用式 $\{m[Fe(OH)_3] \cdot nFeO^+ \cdot (n-x)Cl^-\}^{x+} \cdot xCl^-$ 表示。
　　② 硫溶胶。取 $0.1\ mol \cdot L^{-1}$ $Na_2S_2O_3$ 溶液 5 mL 放入试管中,再取 $0.1\ mol \cdot L^{-1}$ H_2SO_4 溶液 5 mL,将两液体混合,观察丁铎尔现象,同法配制混合液,在亮处仔细观察透射光和散射光颜色的变化,当混浊度增加到盖住颜色时(约经 5 min),把溶胶稀释 1 倍,继续观察颜色,记下透射光和

散射光颜色随时间变化的情形。

③ AgI 溶胶。AgI 溶胶微溶于水(9.7×10^{-7} mol·L^{-1}),当硝酸银溶液与易溶于水的碘化物混合时,应析出沉淀,但是如果混合稀溶液并且取其中之一过剩,则不产生沉淀,而形成胶体溶液,胶体溶液的性质与过剩的是什么离子有关。在此,胶粒的电荷是由过剩的离子被 AgI 所吸附,在 AgNO$_3$ 过剩时,得正电性的胶团,其结构为 $\{m[AgI]nAg^+ \cdot (n-x)NO_3^-\}^{x+} \cdot xNO_3^-$,在 KI 过剩时,得负电性的胶团 $\{m[AgI]nI^-(n-x)K^+\}^{x-} \cdot xK^+$。

取 30 mL 0.01 mol·L^{-1} KI 溶液注入 100 mL 的锥形瓶中,然后用滴定管将 0.01 mol·L^{-1} AgNO$_3$ 溶液 20 mL 慢慢地滴入,制得带负电性的 AgI 溶胶(A)。

按此法取 30 mL 0.01 mol·L^{-1} AgNO$_3$ 溶液,慢慢加入 20 mL 0.01 mol·L^{-1} KI 溶液,制得带正电的溶胶(B)。

将制得的溶胶按下表的量混合,并逐个观察混合后的现象、溶胶颜色的变化。

试管编号	1	2	3	4	5	6	7
V_A/mL	1	2	3	4	5	6	0
V_B/mL	5	4	3	2	1	0	6

(2)改变分散介质和实验条件。

① 硫溶胶。取少量硫黄置于试管中,注入 2 mL 酒精,加热到沸腾(重复数次,使硫得到充分的溶解),在未冷却前把上部清液倒入盛有 20 mL 水的烧杯中,搅匀,观察变化情况及丁铎尔现象。

② 松香溶胶。以 2%松香的酒精溶液逐滴地加入 50 mL 蒸馏水中,同时剧烈搅拌,观察变化情况。

(3)胶溶法。制 Fe(OH)$_3$ 溶胶:取 1 mL 20% FeCl$_3$ 溶液放在小烧杯中,加水稀释到 10 mL,用滴管逐渐加入 10% NH$_3$·H$_2$O 溶液到稍微过量时为止(如何知道?),过滤,用水洗涤数次,取下沉淀放在另一烧杯中,加水 20 mL,再加入 20% FeCl$_3$ 溶液约 1 mL,用玻璃棒搅动,并用小火加热,沉淀消失,形成透明的胶体溶液,利用溶胶的光性加以鉴定。

(4)电弧法(选做)。制银溶胶:装置如图 3-10-1 所示,R 为数百欧姆固定电阻(此处用电热丝),电源用 220 V 交流电,在 100 mL 烧杯中放入 50 mL 0.001 mol·L^{-1} NaOH 溶液,烧杯用冷水冷却,把两根上部套橡胶管的银电极插入烧杯中,用手使两极接触立即分开,产生火花,连续数次,得银溶胶,观察溶胶的各种性质。

2. 胶体溶液的纯化(选做)。

(1)半透膜的制备。选择一个 100 mL 的短颈烧瓶,内壁必须光滑,充分洗净后烘干,在瓶中倒入几毫升的 6%火棉胶溶液,小心转动烧瓶,使火棉胶在烧瓶上形成均匀薄层;倾出多余的火棉胶溶液,倒置烧瓶于铁圈上,让剩余的火棉胶溶液流尽,并让乙醚蒸发,直至用手指轻轻接触火棉胶膜而不黏着,然后加水入瓶内至满(注意加水不宜

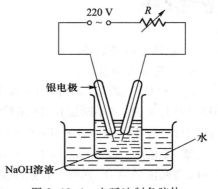

图 3-10-1 电弧法制备胶体

太早,因若乙醚未蒸发完,则加水后膜呈白色而不适用;但亦不可太迟,到膜变干硬后不易取出),浸膜于水中几分钟,剩余在膜上的乙醚即被溶去,倒去瓶内之水,再在瓶口剥开一部分膜,在此膜和瓶壁间灌水至满,膜即脱离瓶壁,轻轻取出所成之袋,检验袋里是否有漏洞,若有漏洞,只需擦干有洞的部分,用玻璃棒蘸火棉胶少许,轻轻接触漏洞,即可补好,也可用简便的玻璃纸代替火棉胶蒙在广口瓶口上,进行渗析。

(2) 溶胶的纯化。把制得的 $Fe(OH)_3$ 溶胶,置于半透膜袋内,用线拴住袋口,置于 400 mL 烧杯中,用蒸馏水渗析,保持温度在 60~70 ℃,半小时换一次水,并取 1 mL 检验其 Cl^- 及 Fe^{3+}(分别用 $AgNO_3$ 溶液及 KCNS 溶液检验),直至不能检查出 Cl^- 和 Fe^{3+} 为止,也可通过测溶胶的电导率,来判断溶胶纯化的程度。一般,实验室中简便的纯化方法为,在广口瓶内装入溶胶,蒙上玻璃纸,倒悬于盛有蒸馏水的玻璃缸中,经常换水,在室温下保持 1 周以上即可。

3. 溶胶的聚沉作用。

用 10 mL 移液管在 3 个干净的 50 mL 锥形瓶中各注入 10 mL 前面用水解法制备的 $Fe(OH)_3$ 溶胶(若条件允许应使用经渗析纯化过的溶胶),然后在每个瓶中分别用滴定管逐滴地慢慢加入 0.5 mol·L^{-1} KCl 溶液、0.01 mol·L^{-1} K_2SO_4 溶液、0.001 mol·L^{-1} $K_3Fe(CN)_6$ 溶液,不断摇动。

注意,在开始有明显聚沉物出现时,即停止加入电解质,记下每次所用溶液的体积(若加入电解质的量达到 10 mL 后仍无聚沉物出现,则不再继续加入该电解质)。

实验数据处理

1. 记录并整理溶胶实验中观察到的现象。
2. 通过 AgI 溶胶实验中透过光颜色的变化,说明其稳定性程度和原因。
3. 溶胶的聚沉作用实验中计算聚沉值大小,说明溶胶带何种电?

思考题

1. 为什么做聚沉实验用的氢氧化铁溶胶必须经渗析纯化?
2. 亲液溶胶具有哪些性质?
3. 胶粒吸附稳定离子时有何规律?

参考文献

实验十一　胶体的电渗和电泳

实验目的

1. 掌握电渗法和电泳法测定 ζ 电势的原理与技术。
2. 加深理解电渗、电泳是胶体中液相和固相在外电场作用下相对移动而产生的电性现象。

实验基本原理

胶体溶液是一个多相体系,分散相胶粒和分散介质带有数量相等而符号相反的电荷,因此在相界面上建立了双电层结构。当胶体相对静止时,整个溶液呈电中性。但在外电场作用下,胶体中的胶粒和分散介质反向地移动时,就会产生电位差,此电位差称为 ζ 电势。ζ 电势是表征胶粒特性的重要物理量之一,在研究胶体性质及实际应用中有着重要的作用,ζ 电势和胶体的稳定性有密切的关系。$|\zeta|$ 值越大,表明胶粒带电越多,胶粒之间的斥力越大,胶体越稳定。反之,则不稳定。当 ζ 电势等于零时,胶体的稳定性最差,此时可观察到聚沉的现象。因此无论制备或破坏胶体,均需要了解所研究胶体的 ζ 电势。

在外加电场作用下,若分散介质对静态的分散相胶粒发生相对移动,称为电渗;若分散相胶粒对分散介质发生相对移动,则称为电泳。实质上两者都是带电粒子在电场作用下的定向运动,所不同的是,电渗研究的是液体介质的运动,而电泳研究的是固体粒子的运动。

ζ 电势可通过电渗或电泳实验测定。

一、电渗公式推导

在外加电场作用下,液体通过多孔固体隔膜,可贯穿隔膜的许多毛细管。所以根据液体在外加电场下通过毛细管的例子,就能推导出电渗公式。

设电渗发生在一半径为 r 的毛细管中,又设固体与液体接触界面处的吸附层厚度为 δ,若表面电荷密度为 ρ,电位梯度为 w,则界面上单位面积所受电力为 $f_1 = \rho w$,而液体在毛细管中作层流运动时,单位面积所受阻力为

$$f_2 = \frac{\mathrm{d}u}{\mathrm{d}x} = \eta \frac{u}{\delta} \tag{3-11-1}$$

式中 u 为电渗速度;η 为液体的黏度,故

$$u = \frac{w\rho\delta}{\eta} \tag{3-11-2}$$

设界面处的电荷分布情况可看作类似于一个平板电容器上的电荷分布情况,由平板电容器的电容

$$C = \frac{\rho}{\zeta} = \frac{\varepsilon}{4\pi\delta} \tag{3-11-3}$$

得到

$$\zeta = \frac{4\pi\rho\delta}{\varepsilon} \tag{3-11-4}$$

式中 ε 为液体介质的介电常数。合并式(3-11-2)和式(3-11-4)得

$$u = \frac{\zeta\varepsilon w}{4\pi\eta} \tag{3-11-5}$$

若毛细管截面积为 A,液体在单位时间内通过毛细管的流量为 v,则

$$v = Au = \frac{A\zeta\varepsilon w}{4\pi\eta} \tag{3-11-6}$$

而

$$w = \frac{IR}{l} = I\frac{\frac{l}{A\kappa}}{l} = \frac{I}{A\kappa} \tag{3-11-7}$$

式中 I 为通过两电极间的电流;R 为两电极间电阻;κ 为液体介质的电导率;l 为电极间距离。于是得到

$$v = \frac{\zeta I\varepsilon}{4\pi\eta \cdot \kappa} \tag{3-11-8}$$

或

$$\zeta = \frac{4\pi\eta \cdot \kappa v}{\varepsilon I} \tag{3-11-9}$$

若已知液体介质的黏度 η、介电常数 ε、电导率 κ,只要测定在电场作用下通过液体介质的电流 I,以及单位时间内液体由于受电场作用流过毛细管的流量 v,就可以从式(3-11-9)算出 ζ 电势。

二、电泳公式的推导

当带电的胶粒在外电场作用下迁移时,若胶粒的电荷量为 Q,两电极间的电位梯度为 w,则胶粒受到的静电力为

$$f_1 = Qw \tag{3-11-10}$$

球形胶粒在介质中运动受到的阻力按斯托克斯(Stokes)定律为

$$f_2 = 6\pi\eta ru \tag{3-11-11}$$

若电泳速度 u 达到恒定,则有

$$Qw = 6\pi\eta ru \tag{3-11-12}$$

$$u = \frac{Qw}{6\pi\eta r} \tag{3-11-13}$$

胶粒的带电性质通常用 ζ 电势而不用电荷量 Q 表示,根据静电学原理

$$\zeta = \frac{Q}{\varepsilon r} \qquad\qquad (3-11-14)$$

式中 r 为胶粒的半径。代入式(3-11-13)得

$$u = \frac{\zeta \varepsilon w}{6\pi\eta} \qquad\qquad (3-11-15)$$

式(3-11-15)适用于球形的胶粒。对于棒状胶粒,其电泳速度为

$$u = \frac{\zeta \varepsilon w}{4\pi\eta} \qquad\qquad (3-11-16)$$

或

$$\zeta = \frac{4\pi\eta u}{\varepsilon w} \qquad\qquad (3-11-17)$$

　　式(3-11-16)即为电泳公式。同样,若已知 ε、η,则通过测量 u 和 w,代入式(3-11-17)也可算出 ζ 电势。

仪器及试剂

　　1. 仪器:电渗仪;恒温水浴;电导仪;锥形瓶(100 mL);电泳仪;H_2S 发生器。
　　2. 试剂:SiO_2 粉末(80~100 目);胶棉液;酒石酸锑钾溶液($C_8H_4K_2O_{12}Sb_2$,0.5%);HCl 辅助溶液($0.000\ 4\ \text{mol} \cdot \text{L}^{-1}$)。

实验步骤

一、用电渗法测定 SiO_2 对水的 ζ 电势

　　1. 电渗仪的安装

　　电渗仪如图 3-11-1 所示。刻度毛细管两端通过连通管分别与铂丝电极相连;A 管的两端装有多孔薄瓷板,A 管内装二氧化硅粉;在刻度毛细管的一端接有另一根尖嘴形的毛细管 G 管,通过它可以将一个测量流速用的气泡压入刻度毛细管。

　　洗净电渗仪。揭去磨口瓶塞,将 80~100 目的二氧化硅粉与蒸馏水拌和而成的糊状物注入 A 管中,盖上瓶塞。分别拔去铂丝电极,从电极管口注入蒸馏水,直至能浸没电极为止,插好铂丝电极。用洗耳球从 G 管压入一小气泡至刻度毛细管的一端。将整个电渗仪浸入恒温水浴中,恒温 10 min 以待测定。

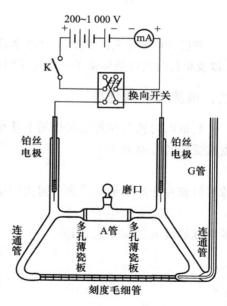

图 3-11-1 电渗仪结构及线路示意图

2. 测电渗时液体流量 v 和电流 I

在电渗仪的两铂丝电极间连接 200～1 000 V 直流电源,中间串联接上一个毫安表以及耐高压的电源开关和换向开关。调节电源电压,使电渗时毛细管中气泡从一端刻度至另一端刻度行程时间约 20 s。然后准确测定此时间。利用换向开关,可使两电极的极性变换,从而使电渗方向倒向。由于电源电压较高,操作时应先切断电源开关,然后改换换向开关,再接上耐高压的电源开关。反复测量正、反向电渗时流量 v 值各五次,同时读下电流值。

改变电源电压,使毛细管中气泡的行程时间改为 15 s、25 s,测量相应的 v、I 值。

最后拆去电渗仪电源,用电导仪测定电渗仪中蒸馏水的电导率 κ。

二、用电泳法测定硫化锑胶体溶液的 ζ 电势

1. 渗析半透膜的制备。

在预先洗净并烘干的 150 mL 锥形瓶中加入约 10 mL 胶棉液(溶剂为 1：3 乙醇-乙醚液),小心转动锥形瓶,使胶棉液在瓶内壁形成一层均匀薄膜,倾出多余的胶棉液。将锥形瓶倒置于铁圈上,使乙醚挥发完。此时如用手指轻轻触及胶膜,应无黏着感。然后将蒸馏水注入胶膜与瓶壁之间,小心取出胶膜,将其置于蒸馏水中浸泡待用,同时检查是否有漏洞。

2. 硫化锑胶体溶液的制备。

将 50 mL 0.5% 酒石酸锑钾溶液置于锥形瓶中,在通风橱内通入清洁的 H_2S 气体,直至溶液颜色不再加深为止。然后将制得的 Sb_2S_3 胶体溶液装入预先制备的渗析半透膜中,浸泡在蒸馏水中渗析,直至无硫离子存在为止。

3. 测定电泳速度 u 和电位梯度。

电泳仪应事先用铬酸洗液洗涤清洁,以除去管壁上可能存在的杂质,然后洗净并烘干,旋塞上涂一薄层凡士林,塞好旋塞。

将待测 Sb_2S_3 胶体溶液由小漏斗中注入电泳仪的 U 形管底部至适当部位。再用两支滴管,将电导率与胶体溶液相同的稀 HCl 液,沿 U 形管左右两壁的管壁,等量地徐徐加入至约 10 cm 高度,保持两液相间的界面清晰。轻轻将铂电极插入 HCl 液层中。切勿扰动液面,铂电极应保持垂直,并使两极浸入液面下的深度相等,记下胶体液面的高度位置。按图 3-11-2 接两极于 30～50 V 直流电源上,按下电源键,同时停钟开始计时至 30～45 min,记下胶体液面上升的距离和电压的读数。沿 U 形管中线量出两极间的距离。此数值须测量多次,并取其平均值。实验结束后应回收胶体溶液,并在 U 形管中放水浸泡铂电极。

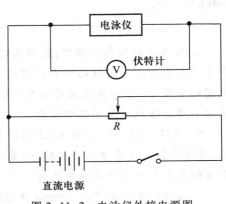

图 3-11-2　电泳仪外接电源图

实验数据处理

1. SiO_2 对水的 ζ 电势。

计算各次电渗测定的 $\dfrac{v}{I}$ 值,并取平均值,将所测的电渗仪中蒸馏水的电导率 κ 和 $\dfrac{v}{I}$ 平均值代入式(3-11-9),可求得 SiO_2 对水的 ζ 电势。

2. Sb_2S_3 胶粒的 ζ 电势。

由 U 形管的两边在时间 t 内界面移动的距离 d 值,计算电泳速度 $u = \dfrac{d}{t}$,再由测得的电压 U 和两极间距离 l,计算得电位梯度 $w = \dfrac{U}{l}$,然后将 u 和 w 代入式(3-11-17)算出 Sb_2S_3 胶粒的 ζ 电势。此时式(3-11-17)中的 η、ε 用水的数值代入。不同温度水的介电常数按式 $\varepsilon = 80 - 0.4$ $(T/K - 293)$ 计算。

思考题

1. 为什么说刻度毛细管中气泡在单位时间内移动的体积就是单位时间内流过试样室 A 管的液体量。

2. 固体粉末样品粒度太大,电渗测定结果重现性差,其原因何在?

3. 如果电泳仪事先没有洗净,管壁上残留有微量的电解质,对电泳量的结果将有什么影响?

4. 电泳速度的快慢与哪些因素有关?

5. 电渗测量时,连续通电使溶液发热,会造成什么后果?

知识扩展

1. 根据扩散双电层模型,胶粒上的表面紧密层电荷相对固定不动,而液相中的反离子则受到静电吸引和热运动扩散两种力的作用,故而形成一个扩散层。ζ 电势是紧密层滑动面与扩散层之间的电势差。ζ 电势也就是胶粒所带电荷的电动电势,成了胶粒稳定的主要因素。不过有关 ζ 电势的确切物理意义尚不够清楚。

2. 利用式(3-11-9)和式(3-11-17)计算 ζ 电势时,应注意式中各物理量的单位,用 SI 单位,计算所得 ζ 电势单位为伏特;如果人为规定各物理量的单位,则需对公式作相应改写。读者在参阅各类参考书时要特别注意。

3. 在进行电泳测量时,要使胶体溶液和辅助溶液的电导率基本相同,否则必须对式(3-11-17)进行修正。

4. 测量电泳现象的实验方法分为宏观法和微观法。宏观法是观察胶体与不含胶粒的辅助导电液的界面在电场中的移动速度;微观法则是直接观察单个胶粒在电场中的移动速度。对高分散的或过浓的胶体,因不易观察个别胶粒的运动,只能用宏观法。对于颜色太淡或浓度过稀的胶体,则适宜用微观法。

5. 在推导电渗公式(3-11-8)时,并没有考虑毛细管壁的表面电导率。严格地说表面电导率通常不能忽略，此时应将式(3-11-8)中的 κ 换成 $(\kappa+\kappa_1 \cdot l/A)$，其中 l 为毛细管壁的圆周长度，κ_1 为毛细管壁单位圆周长度的表面电导率。实际上，对于粉末固体隔膜，只要液体介质电导率足够大，粉末固体粒度足够小时，表面电导率可忽略不计。

参考文献

实验十二　电导法测定水溶性表面活性剂的临界胶束浓度

实验目的

实验目的

1. 用电导法测定十二烷基硫酸钠的临界胶束浓度。
2. 了解表面活性剂的特性及胶束形成原理。
3. 掌握 BSD-A 型电导仪的使用方法。

实验基本原理

具有明显"两亲"性质的分子,既含有亲油的足够长的(大于 10~12 个碳原子)烃基,又含有亲水的极性基团(通常是离子化的)。由这一类分子组成的物质称为表面活性剂,如肥皂和各种合成洗涤剂等。表面活性剂分子都是由极性部分和非极性部分组成的,若按离子的类型分类,可分为三大类:① 阴离子型表面活性剂,如羧酸盐(肥皂,$C_{17}H_{35}COONa$)、烷基硫酸盐[十二烷基硫酸钠,$CH_3(CH_2)_{11}SO_4Na$]、烷基磺酸盐[十二烷基苯磺酸钠,$CH_3(CH_2)_{11}C_6H_5SO_3Na$]等;② 阳离子型表面活性剂,主要是铵盐,如十二烷基二甲基叔胺[$RN(CH_3)_2HCl$]和十二烷基二甲基氯化胺[$RN(CH_3)_3Cl$];③ 非离子型表面活性剂,如聚氧乙烯类[$R—O—(CH_2CH_2O)_nH$]。

表面活性剂进入水中,在低浓度时呈分子状态,并且三三两两地把亲油基团靠拢而分散在水中。当溶液浓度加大到一定程度时,许多表面活性物质的分子立刻结合成很大的集团,形成"胶束"。以胶束形式存在于水中的表面活性物质是比较稳定的。表面活性物质在水中形成胶束所需的最低浓度称为临界胶束浓度,以 CMC 表示。在 CMC 点上,由于溶液的结构改变导致其物理及化学性质(如表面张力、电导率、渗透压、浊度、光学性质等)同浓度的关系曲线出现明显的转折,如图 3-12-1 所示。这个现象是测定 CMC 的实验依据,也是表面活性剂的一个重要特征。

这种特征行为可用生成分子聚集体或胶束来说明,如图 3-12-2 所示,当表面活性剂溶于水中后,不但定向地吸附在水溶液表面,而且达到一定浓度时还会在溶液中发生定向排列而形成胶束。表面活性剂为了使自己成为溶液中的稳定分子,有可能采取的两种途径:一是把亲水基团留在水中,亲油基团伸向油相或空气;二是让表面活性剂的亲油基团相互靠在一起,以减少亲油基团与水的接触面积。前者就是表面活性剂分子吸附在表面上,其结果是降低表面张力,形成定向排列的单分子膜,后者就形成了胶束。由于胶束的亲水基团方向朝外,与水分子相互吸引,使表面活性剂能稳定地溶于水中。

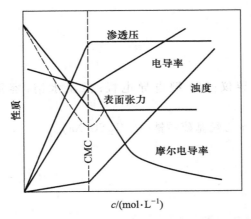

图 3-12-1　25 ℃时十二烷基硫酸钠水溶液的物理性质和浓度关系图

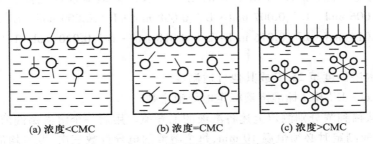

图 3-12-2　胶束形成过程示意图

随着表面活性剂在溶液中浓度的增长,球形胶束还可能转变成棒形胶束,以致层状胶束,如图 3-12-3 所示。后者可用来制作液晶,它具有各向异性的性质。

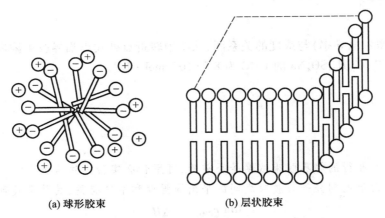

图 3-12-3　胶束的球形结构和层状结构示意图

本实验利用 BSD-A 型电导仪测定不同浓度的十二烷基硫酸钠水溶液的电导值(也可换算成摩尔电导率),并作电导值(或摩尔电导率)与浓度的关系图,从图中的转折点即可求得临界胶束浓度。

仪器及试剂

1. 仪器：BSD－A 型电导仪；260 型电导电极；恒温水浴；容量瓶（1 000 mL）；容量瓶（100 mL）。
2. 试剂：氯化钾（KCl）；十二烷基硫酸钠（$C_{12}H_{25}SO_4Na$）。

实验步骤

1. 用电导水或重蒸馏水准确配制 0.01 mol·L^{-1} KCl 标准溶液。
2. 取十二烷基硫酸钠在 80 ℃烘干 3 h，用电导水或重蒸馏水准确配制 0.002 mol·L^{-1}、0.004 mol·L^{-1}、0.006 mol·L^{-1}、0.007 mol·L^{-1}、0.008 mol·L^{-1}、0.009 mol·L^{-1}、0.010 mol·L^{-1}、0.012 mol·L^{-1}、0.014 mol·L^{-1}、0.016 mol·L^{-1}、0.018 mol·L^{-1}、0.020 mol·L^{-1}的十二烷基硫酸钠溶液各 100 mL。
3. 调节恒温水浴温度至 25 ℃或其他合适温度。
4. 用 0.001 mol·L^{-1} KCl 标准溶液标定电导池常数。
5. 用电导仪从稀到浓分别测定上述各溶液的电导值。用后一个溶液荡洗前一个溶液的电导池三次以上，各溶液测定时必须恒温 10 min，每个溶液的电导读数三次，取平均值。
6. 列表记录各溶液对应的电导，并换算成电导率或摩尔电导率。

实验数据处理

作电导（或摩尔电导率）与浓度的关系图，从图中转折点处找出临界胶束浓度。
文献值：40 ℃，$C_{12}H_{25}SO_4Na$ 的 CMC 为 $8.7×10^{-3}$ mol·L^{-1}。

思考题

1. 若要知道所测得的临界胶束浓度是否准确，可用什么实验方法验证之？
2. 溶液的表面活性剂分子与胶束之间的平衡同温度和浓度有关，其关系式可表示为

$$\frac{\mathrm{d}\ln c_{CMC}}{\mathrm{d}T} = -\frac{\Delta H}{2RT^2}$$

试问如何测出其热效应 ΔH 值？
3. 非离子型表面活性剂能否用本实验方法测定临界胶束浓度？为什么？若不能，则可用何种方法测定？

知识扩展

　　表面活性剂的渗透、润湿、乳化、去污、分散、增溶和起泡作用等基本原理广泛应用于石油、煤炭、机械、化学、冶金、材料及轻工业、农业生产中,研究表面活性剂溶液的物理化学性质——表面性质(吸附)和内部性质(胶束形成)有着重要意义。而临界胶束浓度(CMC)可以作为表面活性剂的表面活性的一种量度。因为 CMC 越小,则表示这种表面活性剂形成胶束所需浓度越低,达到表面(界面)饱和吸附的浓度越低。因而改变表面性质起到润湿、乳化、增溶、起泡等作用所需的浓度也越低。另外,临界胶束浓度又是表面活性剂的溶液性质发生显著变化的一个"分水岭"。因此,表面活性剂的大量研究工作都与各种体系中的 CMC 测定有关。

　　测定 CMC 的方法很多,常用的有表面张力法、电导法、染料法、增溶作用法、光散射法等。这些方法,原则上都是从溶液的物理化学性质随浓度变化关系出发求得的。其中表面张力法和电导法比较简便准确。表面张力法除了可求得 CMC 之外,还可以求出表面吸附等温线,此法还有一优点,就是无论对于高表面活性还是低表面活性的表面活性剂,其 CMC 的测定都具有相似的灵敏度,此法不受无机盐的干扰,也适合于非离子表面活性剂;电导法是个经典方法,简便可靠。只限于离子型表面活性剂,此法对于有较高活性的表面活性剂准确性高,但过量无机盐存在会降低测定灵敏度,因此配制溶液应该用电导水。

参考文献

实验十三　高分子化合物对胶体的絮凝与保护作用

实验目的

1. 掌握用化学凝聚法制备胶体系统的实验方法。
2. 了解高分子化合物对胶体的絮凝与保护作用。
3. 掌握用分光光度计测量胶体浓度的实验方法。

实验基本原理

在胶体溶液中加入少量高分子化合物可以引起絮凝作用。但是加入的高分子化合物数量较多时,反而使溶胶更加稳定存在。这是因为高分子被吸附在胶粒表面形成一层比较厚的保护膜,因而质点不再会通过"搭桥"而絮凝。此时高分子对胶体起到保护作用。

常用的高分子絮凝剂有明胶、淀粉和改性多糖等。

本实验以明胶为例,考察它对 AgI 溶胶的絮凝和保护作用。图 3-13-1 是溶胶的透光率随明胶浓度的变化关系图。

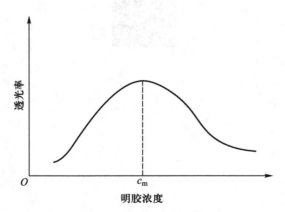

图 3-13-1　溶胶的透光率随明胶浓度变化关系图

由图可见,随着明胶浓度的增大,透光率逐渐升高,说明溶胶稳定性逐渐降低。当明胶浓度达到 c_m 时,为絮凝剂加入的最佳浓度。继续增加明胶浓度时,透光率逐渐变小,说明明胶对胶体逐渐起到保护作用,而使胶体又处于稳定状态。

仪器及试剂

1. 仪器:分光光度计;电磁搅拌器;400 mL 烧杯;50 mL 移液管;20 mL 移液管;1 mL 移液管;50 mL 容量瓶。

2. 试剂:KI 溶液($0.01\ mol \cdot L^{-1}$);AgNO₃溶液($0.01\ mol \cdot L^{-1}$);明胶溶液(0.25%)。

实验步骤

1. AgI 溶胶的制备。

用移液管取 100 mL $0.01\ mol \cdot L^{-1}$ KI 溶液于 400 mL 烧杯中。将烧杯放在电磁搅拌器上进行搅拌。再用移液管取 120 mL(50 mL+20 mL+50 mL)$0.01\ mol \cdot L^{-1}$ AgNO₃溶液缓慢加入盛有 KI 溶液的烧杯中。静置 20 min 待用。

2. 取 10 个 50 mL 容量瓶。用移液管分别取 20 mL AgI 溶胶注入容量瓶。

3. 按下表向容量瓶中加入 0.25% 的明胶溶液。每次加入明胶后均需将容量瓶上下翻转 5~6 次。

编号	1	2	3	4	5	6	7	8	9	10
0.25%明胶溶液/mL	0	0.05	0.1	0.15	0.2	0.4	0.6	0.8	1.2	1.4
溶液中明胶浓度/($g \cdot 100\ mL^{-1}$)										
透光率										

分别向容量瓶中加蒸馏水至刻度,再将容量瓶上下翻转 5~6 次,开盖静置 0.5 h 后待用。

4. 用分光光度计以 522 nm 波长、蒸馏水的透光率为 100,分别测量各样品的透光率,并填入表格中。(每次取样时,用滴管取上部清液。)

实验数据处理

以明胶浓度($g \cdot 100\ mL$)为横坐标,透光率为纵坐标绘图,并确定明胶作为 AgI 溶胶絮凝剂时的最佳浓度。

参考文献

实验十四 黏度法测定水溶性高聚物相对分子质量

实验目的

1. 测定多糖聚合物——右旋糖苷的平均相对分子质量。
2. 掌握用乌氏黏度计测定黏度的原理和方法。

实验基本原理

黏度是指液体对流动所表现的阻力,这种力反抗液体中邻接部分的相对移动,因此可看作一种内摩擦。图 3-14-1 是液体流动示意图。当相距为 ds 的两个液层以不同速度(v 和 $v+dv$)移动时,产生的流速梯度为 $\dfrac{dv}{ds}$。当建立平稳流动时,维持一定流速所需的力(即液体对流动的阻力)f' 与液层的接触面积 A 以及流速梯度 $\dfrac{dv}{ds}$ 成正比,即

$$f' = \eta \cdot A \cdot \frac{dv}{ds} \qquad (3-14-1)$$

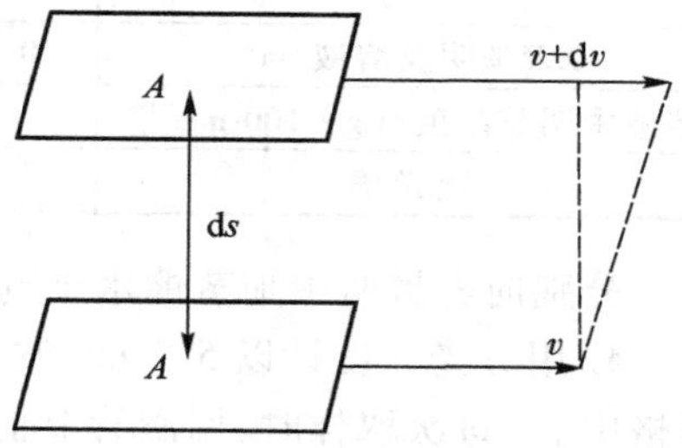

若以 f 表示单位面积液体的黏滞阻力,$f=\dfrac{f'}{A}$ 则

图 3-14-1 液体流动示意图

$$f = \eta\left(\frac{dv}{ds}\right) \qquad (3-14-2)$$

式(3-14-2)称为牛顿黏度定律表示式,其比例常数 η 称为黏度系数,简称黏度,单位为 Pa·s。

高聚物在稀溶液中的黏度主要反映了液体在流动时存在着内摩擦。其中因溶剂分子之间的内摩擦表现出来的黏度叫纯溶剂黏度,记作 η_0;此外还有高聚物分子相互之间的内摩擦,以及高分子与溶剂分子之间的内摩擦。三者总和表现为溶液的黏度 η。在同一温度下,一般来说,$\eta > \eta_0$。相对于溶剂,其溶液黏度增加的分数称为增比黏度,记作 η_{sp},即

$$\eta_{sp} = \frac{\eta - \eta_0}{\eta_0} \qquad (3-14-3)$$

而溶液黏度与纯溶剂黏度的比值称为相对黏度,记作 η_r,即

$$\eta_r = \frac{\eta}{\eta_0} \tag{3-14-4}$$

η_r 也是整个溶液的黏度行为，η_{sp} 则意味着已扣除了溶剂分子之间的内摩擦效应。两者关系为

$$\eta_{sp} = \frac{\eta}{\eta_0} - 1 = \eta_r - 1 \tag{3-14-5}$$

对于高分子溶液，增比黏度 η_{sp} 往往随溶液的浓度 c 的增加而增加。为了便于比较，将单位浓度下所显示出的增比黏度，即 $\dfrac{\eta_{sp}}{c}$ 称为比浓黏度；而 $\ln\dfrac{\eta_r}{c}$ 称为比浓对数黏度。η_r 和 η_{sp} 都是量纲为 1 的量。

为了进一步消除高聚物分子之间的内摩擦效应，必须将溶液浓度无限稀释，使得每个高聚物分子彼此相隔极远，其相互干扰可以忽略不计。这时溶液所呈现出的黏度行为基本上反映了高分子与溶剂分子之间的内摩擦。这一黏度的极限值记为

$$\lim_{c \to 0} \frac{\eta_{sp}}{c} = [\eta] \tag{3-14-6}$$

式中 $[\eta]$ 称为特性黏度，其值与浓度无关。实验证明，当聚合物、溶剂和温度确定以后，$[\eta]$ 的数值只与高聚物平均相对分子质量 $\overline{M}$ 有关，它们之间的半经验关系可用马克-豪温克（Mark-Houwink）方程表示：

$$[\eta] = K\overline{M}^{\alpha} \tag{3-14-7}$$

式中 K 为比例常数；α 是与分子形状有关的经验常数。它们都与温度、聚合物、溶剂性质有关，在一定的相对分子质量范围内与相对分子质量无关。

K 和 α 的数值，只能通过其他绝对方法确定，如渗透压法、光散射法等。黏度法只能通过测定 $[\eta]$ 求算出 $\overline{M}$。

测定液体黏度的方法主要有三类：① 用毛细管黏度计测定液体在毛细管里的流出时间；② 用落球式黏度计测定圆球在液体里的下落速度；③ 用旋转式黏度计测定液体与同心轴圆柱体相对转动的情况。

测定高分子的 $[\eta]$ 时，用毛细管黏度计最为方便。当液体在毛细管黏度计内因重力作用而流出时遵守泊肃叶（Poiseuille）定律：

$$\frac{\eta}{\rho} = \frac{\pi h g r^4 t}{8lV} - m \frac{V}{8\pi lt} \tag{3-14-8}$$

式中 ρ 为液体的密度；l 是毛细管长度；r 是毛细管半径；t 是流出时间；h 是流经毛细管液体的平均液柱高度；g 为重力加速度；V 是流经毛细管的液体体积；m 是与仪器的几何形状有关的常数，在 $\dfrac{r}{l} \ll 1$ 时，可取 $m = 1$。

对某一支指定的黏度计而言，令 $\alpha = \dfrac{\pi g h r^4}{8lV}$，$\beta = \dfrac{mV}{8\pi l}$，则式（3-14-8）可改写为

$$\frac{\eta}{\rho} = \alpha t - \frac{\beta}{t} \tag{3-14-9}$$

式中 $\beta < 1$，当 $t > 100$ s 时，等式右边第二项可以忽略。设溶液的密度 ρ 与溶剂密度 ρ_0 近似相等。这样，通过测定溶液和溶剂的流出时间 t 和 t_0，就可求算 η_r：

$$\eta_r = \frac{\eta}{\eta_0} = \frac{t}{t_0} \tag{3-14-10}$$

进而可计算得到 η_{sp}、$\dfrac{\eta_{sp}}{c}$ 和 $\ln \dfrac{\eta_r}{c}$ 值。配制一系列不同浓度的溶液分别进行测定，以 $\dfrac{\eta_{sp}}{c}$ 和 $\ln \dfrac{\eta_r}{c}$ 为纵坐标，c 为横坐标作图，得两条直线，如图 3-14-2 所示，分别外推到 $c=0$ 处，其截距即为 $[\eta]$，代入式(3-14-7)(K、α 已知)，即可得到 $\overline{M}$。

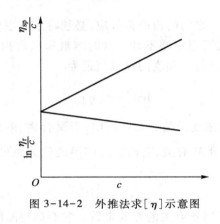

图 3-14-2　外推法求 $[\eta]$ 示意图

仪器及试剂

1. 仪器：乌氏黏度计；恒温水浴；砂芯漏斗；吸滤瓶(250 mL)；水泵；移液管(5 mL、10 mL)；锥形瓶(100 mL)；容量瓶(50 mL)；烧杯(50 mL)。

2. 试剂：铬酸洗液；右旋糖苷(分析纯)。

实验步骤

1. 溶液配制。

用分析天平准确称取 1 g 右旋糖苷样品，倒入预先洗净的 50 mL 烧杯中，加入约 30 mL 蒸馏水，在水浴中加热溶解至溶液完全透明，取出自然冷却至室温，再将溶液移至 50 mL 的容量瓶中，并用蒸馏水稀释至刻度。然后用预先洗净并烘干的 3 号砂芯漏斗过滤，装入 100 mL 锥形瓶中备用。

2. 黏度计的洗涤。

先将洗液灌入黏度计内，并使其反复流过毛细管部分。然后将洗液倒入专用瓶，再顺次用自来水、蒸馏水洗涤干净。容量瓶、移液管也都应仔细洗净。

3. 溶剂流出时间 t_0 的测定。

开启恒温水浴。并将黏度计垂直安装在恒温水浴中（G 球及以下部位均浸在水中），用移液管吸 10 mL 蒸馏水，从 A 管注入黏度计 F 球内，在 C 管和 B 管的上端均套上干燥清洁橡胶管，并用夹子夹住 C 管上的橡胶管下端，使其不通大气。在 B 管的橡胶管口用针筒将水从 F 球经 D 球、毛细管、E 球抽至 G 球中部，取下针筒，同时松开 C 管上夹子，使其通大气。此时溶液顺毛细管而流下，当液面流经刻度 a 线处时，立刻记下流经 a、b 之间所需的时间。重复测定三次，偏差小于 0.2 s，取其平均值，即为 t_0 值。

4. 溶液流出时间的测定。

取出黏度计，倾去其中的水，连接到水泵上抽气，同时用电吹风机吹干。用移液管吸取已预先恒温好的溶液 10 mL，注入黏度计内，同上法，安装黏度计，测定溶液的流出时间 t。

然后依次加入 2.00 mL、3.00 mL、5.00 mL、10.00 mL 蒸馏水。每次稀释后都要将稀释液抽洗黏度计的 E 球，使黏度计内各处溶液的浓度相等，按同样方法进行测定。

实验数据处理

1. 根据实验对不同浓度的溶液测得的相应流出时间计算 η_{sp}、η_r、$\dfrac{\eta_{sp}}{c}$ 和 $\ln\dfrac{\eta_r}{c}$。

2. 用 $\dfrac{\eta_{sp}}{c}$ 和 $\ln\dfrac{\eta_r}{c}$ 对 c 作图，得两条直线，外推至 $c=0$ 处，求出 $[\eta]$。

3. 将 $[\eta]$ 值代入式（3-14-7），计算 $\overline{M}$。

4. 25 ℃时，右旋糖苷水溶液的参数 $K=9.22\times10^{-2}$ mL·g^{-1}，$\alpha=0.5$。

思考题

1. 乌氏黏度计中的支管 C 有什么作用？除去支管 C 是否仍可以测黏度？

2. 评价黏度法测定高聚物相对分子质量的优缺点，指出影响准确测定结果的因素。

知识扩展

1. 高分子是由小分子单体聚合而成的，高聚物相对分子质量是表征聚合物特性的基本参数之一，相对分子质量不同，高聚物的性能差异很大。所以不同材料、不同的用途对相对分子质量的要求是不同的。测定高聚物的相对分子质量对生产和使用高分子材料具有重要的实际意义。本实验采用的右旋糖苷[即$(C_6H_{10}O_5)_n$]分子是目前公认的优良血浆代用品之一。它是一种无臭、无味、白色固体物质，易溶于近沸点的热水中，相对分子质量在 $2\times10^4 \sim 8\times10^4$，选用它来作为实验内容是合适的。

2. 溶液的黏度与浓度的关系。

图 3-14-2 中的两条直线一般有以下形式：

$$\frac{\eta_{sp}}{c}=[\eta]+\alpha[\eta]^{2}c \tag{3-14-11}$$

此式也是线性方程，大多数聚合物在较稀的浓度范围内都符合上式。

$$\ln\frac{\eta_{r}}{c}=[\eta]+\left(\alpha-\frac{1}{2}\right)[\eta]^{2}c+\left(\frac{1}{3}-\alpha\right)[\eta]^{3}c^{2}+\cdots \tag{3-14-12}$$

对于式（3-14-12）包括下列三种情况：

（1）若 $\alpha=\dfrac{1}{3}$，且令 $b=\dfrac{1}{2}-\alpha$，则有

$$\ln\frac{\eta_{r}}{c}=[\eta]-b[\eta]^{2}c \tag{3-14-13}$$

以 $\ln\dfrac{\eta_{r}}{c}$ 对 c 作图为一条直线，其直线斜率为负值，$\dfrac{\eta_{sp}}{c}$ 对 c 作图所得的直线分别进行外推可得到共同的截距 $[\eta]$，如图 3-14-2 所示。

（2）若 $\alpha>\dfrac{1}{3}$，$\ln\dfrac{\eta_{r}}{c}-c$ 不呈直线。当浓度较高时，曲线向下弯曲，切线斜率 $b>\left(\dfrac{1}{2}-\alpha\right)$。切线与 $\dfrac{\eta_{sp}}{c}-c$ 线在 $c>0$ 处相交于 A 点，两者截距不等，如图 3-14-3 所示。

（3）若 $\alpha<\dfrac{1}{3}$，$\ln\dfrac{\eta_{r}}{c}-c$ 也不呈直线，但情况与（2）不同。如图 3-14-4 所示。

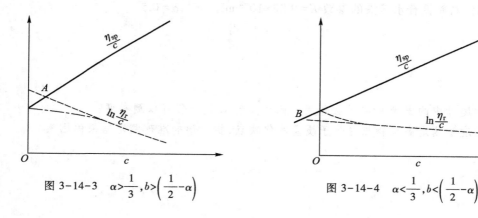

图 3-14-3　$\alpha>\dfrac{1}{3}$，$b>\left(\dfrac{1}{2}-\alpha\right)$　　　　图 3-14-4　$\alpha<\dfrac{1}{3}$，$b<\left(\dfrac{1}{2}-\alpha\right)$

如果出现（2）和（3）这两种情况，如何来求 $[\eta]$ 呢？当溶液不太稀时，可取 $\dfrac{\eta_{sp}}{c}=[\eta]+\alpha[\eta]^{2}c$ 的截距作为特性黏度较好些。如果溶液浓度太高，图的线性不好，外推不可靠；如果浓度太稀，测得的 t 和 t_{0} 很接近，则 η_{sp} 的相对误差比较大，恰当的浓度是使 η_{r} 在 1.2~2.0。

3. 上述作图求 $[\eta]$ 的方法称为稀释法或外推法，结果较为可靠。但在实际工作中，往往由于

样品少,或要测定大量同品种的样品,为了简化操作,可采用"一点法",即在一个浓度下测定 η_{sp},直接计算出[η]值。"一点法"的使用必须事先用外推法测出所用体系的 a、b 值,并且假定:$\alpha=\dfrac{1}{3}$ 和 $\alpha+b=\dfrac{1}{2}$,则由式(3-14-11)和式(3-14-13)可得

$$[\eta]=\frac{\left[2\left(\eta_{sp}-c\ln\dfrac{\eta_r}{c}\right)\right]^{\frac{1}{2}}}{c} \qquad (3-14-14)$$

或者

$$[\eta]=\frac{\eta_{sp}+\dfrac{\alpha}{b}c\ln\eta_r}{\left(1+\dfrac{\alpha}{b}\right)c} \qquad (3-14-15)$$

参考文献

实验十五　溶液吸附法测定固体比表面积

实验目的

1. 用亚甲基蓝水溶液吸附法测定颗粒活性炭的比表面积。
2. 了解朗缪尔(Langmuir)单分子层吸附理论及溶液法测定比表面积的基本原理。

实验基本原理

　　水溶性染料的吸附已应用于测定固体比表面积,在所有的染料中亚甲基蓝具有最大的吸附倾向。研究表明,在一定浓度范围内,大多数固体对亚甲基蓝的吸附是单分子层吸附,符合朗缪尔吸附理论。

　　朗缪尔吸附理论的基本假定是:固体表面是均匀的,吸附是单分子层吸附,吸附剂一旦被吸附质覆盖就不能再吸附;在吸附平衡时,吸附和脱附建立动态平衡,吸附平衡前,吸附速率与空白表面成正比,解吸速率与覆盖度成正比。

　　设固体表面的吸附位总数为 N,覆盖度为 θ,溶液中吸附质的浓度 c,根据上述假定,有

$$\text{吸附质分子(在溶液)} \underset{\text{解吸 } k_{-1}}{\overset{\text{吸附 } k_1}{\rightleftharpoons}} \text{吸附质分子(在固体表面)}$$

吸附速率

$$v_{吸} = k_1 N (1-\theta) c$$

解吸速率

$$v_{解} = k_{-1} N \theta$$

当达到动态平衡时

$$k_1 N (1-\theta) c = k_{-1} N \theta$$

由此可得

$$\theta = \frac{k_1 c}{k_{-1} + k_1 c} = \frac{K_{吸} c}{1 + K_{吸} c} \tag{3-15-1}$$

式中 $K_{吸} = \dfrac{k_1}{k_{-1}}$,称为吸附平衡常数,其值取决于吸附剂和吸附质的本性及温度,$K_{吸}$ 值越大,固体对吸附质吸附能力越强。若以 Γ 表示浓度 c 时的平衡吸附量,以 Γ_{∞} 表示全部吸附位被占据的单分子层吸附量,即饱和吸附量,则

$$\theta = \frac{\Gamma}{\Gamma_\infty}$$

代入式(3-15-1),得

$$\Gamma = \Gamma_\infty \frac{K_{吸}\,c}{1+K_{吸}\,c} \tag{3-15-2}$$

将式(3-15-2)重新整理,可得如下形式:

$$\frac{c}{\Gamma} = \frac{1}{\Gamma_\infty K_{吸}} + \frac{1}{\Gamma_\infty}c \tag{3-15-3}$$

作 $\dfrac{c}{\Gamma}$ 对 c 图,从其直线斜率可求得 Γ_∞,再结合截距便得到 $K_{吸}$。Γ_∞ 指每克吸附剂饱和吸附吸附质的物质的量。若每个吸附质分子在吸附剂上所占据的面积为 σ_A,则吸附剂的比表面积可按下式计算:

$$S = \Gamma_\infty L \sigma_A \tag{3-15-4}$$

式中 S 为吸附剂比表面积;L 为阿伏加德罗常数。

亚甲基蓝具有以下矩形平面结构:

阳离子大小为 $17.0 \times 7.6 \times 3.25 \times 10^{-30}$ m^3。亚甲基蓝的吸附有三种取向:平面吸附,投影面积为 135×10^{-20} m^2;侧面吸附,投影面积为 75×10^{-20} m^2;端基吸附,投影面积为 39×10^{-20} m^2。对于非石墨型的活性炭,亚甲基蓝是以端基吸附取向,吸附在活性炭表面,因此 $\sigma_A = 39 \times 10^{-20}$ m^2。

根据光吸收定律,当入射光为一定波长的单色光时,某溶液的吸光度与溶液中有色物质的浓度及溶液层的厚度成正比。

$$A = \lg \frac{I_0}{I} = abc \tag{3-15-5}$$

式中 A 为吸光度;I_0 为入射光强度;I 为透过光强度;a 为吸光系数;b 为光径长度或液层厚度;c 为溶液浓度。

亚甲基蓝溶液在可见区有两个吸收峰:445 nm 和 665 nm,但在 445 nm 处活性炭吸附对吸收峰有很大的干扰,故本实验选用的工作波长为 665 nm,并用 72 型光电分光光度计进行测量。

仪器及试剂

1. 仪器:康氏振荡器;分光光度计;容量瓶(50 mL);容量瓶(100 mL);容量瓶(500 mL);砂芯漏斗;带塞锥形瓶(100 mL);滴管。
2. 试剂:颗粒状非石墨型活性炭;亚甲基蓝溶液(0.2%)。

实验步骤

1. 样品活化。

将颗粒活性炭置于瓷坩埚中放入 500 ℃马弗炉活化 1 h,然后置于干燥器中备用。

2. 溶液吸附。

取 5 只洗净干燥的带塞锥形瓶,编号,分别准确称取活化过的活性炭约 0.1 g 置于瓶中,按下表用量分别配制不同浓度的亚甲基蓝溶液(在 50 mL 容量瓶中配制)50 mL,然后塞上磨口塞,放置在康氏振荡器上振荡 3~5 h。样品振荡达到平衡后,将锥形瓶取下,用砂芯漏斗过滤,得到吸附平衡后滤液。分别称取滤液 5 g 放入 500 mL 容量瓶中,并用蒸馏水稀释至刻度,待用。

瓶编号	1	2	3	4	5
V(0.2%亚甲基蓝溶液)/mL	30	20	15	10	5
V(蒸馏水)/mL	20	30	35	40	45

3. 原始溶液处理。

为准确测量约 0.2%亚甲基蓝原始溶液的浓度,称取 2.5 g 溶液加入 500 mL 容量瓶中,并用蒸馏水稀释至刻度,待用。

4. 亚甲基蓝标定溶液的配制。

用托盘天平分别称取 2 g、4 g、6 g、8 g、11 g 0.312 6×10^{-3} mol·L^{-1} 标准亚甲基蓝溶液于 100 mL 容量瓶中,用蒸馏水稀释至刻度,待用。

5. 选择工作波长。

对于亚甲基蓝溶液,工作波长为 665 nm。由于各台分光光度计波长刻度略有误差,可取某一待用标定溶液,在 600~700 nm 范围内测量吸光度,以吸光度最大时的波长作为工作波长。

6. 测量吸光度。

以蒸馏水为空白溶液,分别测量五个标定溶液、五个稀释后的平衡溶液以及稀释后的原始溶液的吸光度。

实验数据处理

1. 作亚甲基蓝溶液的浓度对吸光度的工作曲线。

算出各个标定溶液的物质的量浓度,以亚甲基蓝标定溶液物质的量浓度对吸光度作图,所得直线即工作曲线。

2. 求亚甲基蓝原始溶液浓度和各个平衡溶液浓度。

将实验测定的稀释后原始溶液的吸光度,从工作曲线上查得对应的浓度,乘上稀释倍数 200,即为原始溶液的浓度。

将实验测定的各个稀释后的平衡溶液吸光度,从工作曲线上查得对应的浓度,乘上稀释倍数 100,即为平衡溶液浓度 c。

3. 计算吸附溶液的初始浓度。

按实验步骤 2 的溶液配制方法,计算各吸附溶液的初始浓度 c_0。

4. 计算吸附量。

由平衡浓度 c 及初始浓度 c_0 数据,按下式计算吸附量 Γ:

$$\Gamma = \frac{(c_0 - c)V}{m} \tag{3-15-6}$$

式中 V 为吸附溶液的总体积(以 L 表示);m 为加入溶液的吸附剂质量(以 g 表示)。

5. 作朗缪尔吸附等温线。

以 Γ 为纵坐标,c 为横坐标,作 Γ 对 c 的吸附等温线。

6. 求饱和吸附量。

由 Γ 和 c 数据计算 $\dfrac{c}{\Gamma}$ 值,然后作 $\dfrac{c}{\Gamma}$-c 图,由图求得饱和吸附量 Γ_∞。将 Γ_∞ 值用虚线作一水平线在 Γ-c 图上。这一虚线即吸附量 Γ 的渐近线。

7. 计算活性炭样品的比表面积。

将 Γ_∞ 值代入式(3-15-4),可算得活性炭样品的比表面积。

思考题

1. 固体在稀溶液中对溶质分子的吸附与固体在气相中对气体分子的吸附有何区别?

2. 根据朗缪尔理论的基本假定,结合本实验数据,算出各平衡浓度的覆盖度,估算饱和吸附的平衡浓度范围。

3. 溶液产生吸附时,如何判断其达到平衡?

知识扩展

1. 测定固体比表面积的方法很多,有 BET 低温吸附法、气相色谱法、电子显微镜法等。这些方法需较复杂的仪器装置或较长的实验时间。对比之下,溶液吸附法测量固体比表面积具有仪器装置简单、操作方便,而且能同时测量多个样品等许多优点,因此常被采用。但是操作溶液吸附法时,非球形的吸附质在各种吸附剂表面吸附时的取向并非一样,每个吸附质分子的投影面积可以相差甚远,故溶液吸附法的测定结果有一定的相对误差,其测得的结果数据应以其他方法进行校正。然而溶液吸附法常被用来测定大量同样样品的比表面积相对值。溶液吸附法的测量误差通常为 10% 甚至更高些。

2. 应当指出,若溶液吸附法的吸附质浓度选择适当,即初始溶液的浓度以及吸附平衡后的浓度都选择在合适的范围,既防止初始浓度过高导致出现多分子层吸附,又避免平衡后的浓度过低使吸附达不到饱和,那么就可以不必如本实验要求的那样,配制一系列初始浓度的溶液进行吸附测量,然后采用朗缪尔吸附理论处理实验数据,才能算出吸附剂比表面积;而是仅需配制一种初始浓度的溶液进行吸附测量,使吸附剂吸附达到饱和吸附又符合朗缪尔单分子层的要求,从而简便地计算出吸附剂的比表面积。实验者不妨在完成本实验测量以后,根据上述思路,提出如上简便测量所合适的吸附质溶液的浓度范围,并设计实验测量要点。

　　3. 按朗缪尔吸附等温线的要求,溶液吸附必须在等温的条件下进行,让样品吸附瓶置于恒温水浴中进行振荡,使之达到平衡。但本实验仅在室温条件下将吸附瓶置于康氏振荡器上振荡,因此实验期间若室温变化过大,必然影响测量结果。

参考文献

第四部分

催化化学

实验十六　电化学阳极氧化法制备 TiO_2 纳米管及光催化降解亚甲基蓝实验

实验目的

1. 掌握电化学阳极氧化法制备 TiO_2。
2. 了解光催化的基本原理。
3. 掌握光催化降解染料的评价方法及降解速率的计算。

实验基本原理

近年来,随着染料工业的发展,各种染料的使用量越来越大。平均每生产 1 t 染料,有 2% 流失进入水中,而印染过程中,又有 10% 流失进入水中,严重污染着人类赖以生存的水资源。染料废水的主要组成是成分复杂的难降解有机废水,传统的处理方法难以有效地净化。随着科学技术的发展,光催化技术利用清洁能源太阳能,可以将各种复杂的污染物降解成无害成分。大量的研究表明,以 TiO_2 为首的半导体材料通过光催化技术能够将大多数复杂的有机污染物降解,生成 CO_2 和 H_2O 等无机小分子。自 1972 年 Honda 和 Fujishima 在《自然》上发表文章,利用 TiO_2 作为光催化剂光解水产氢以来,TiO_2 本身由于具有诸多优点:无毒无害、稳定性高、耐腐蚀性强、氧化能力强、成本低等,因而作为光催化剂引起了广泛的关注。光催化技术在处理低浓度难生物降解的有机废水,如染料废水等,具有较好的效果。因此,光催化技术在处理染料废水领域,具有很好的发展前景。纳米技术迅猛发展,TiO_2 纳米材料应运而生,其中一维 TiO_2 纳米管(TNT)与 TiO_2 纳米点、纳米线、纳米棒、纳米片相比,具有诸多优势:较大的比表面积、较强的电子传输能力、高度有序的阵列结构。因此 TiO_2 纳米管光催化材料成为了当前的研究热点之一。

TiO_2 的基本性质:TiO_2 在自然界中主要以四方晶系的金红石、锐钛矿,斜方晶系的板钛矿,以及单斜晶系的 TiO_2-B 相存在,晶体结构如图 4-16-1 所示。其中,金红石、锐钛矿是最常见、最稳定的相态。锐钛矿 TiO_2 中一个 Ti 周围有 6 个 O,形成八面体结构,八面体结构共边堆积形成如图 4-16-1(a)所示的晶胞,每个晶胞含有 12 个原子。锐钛矿 TiO_2 稳定性较高,粒径小,能够暴露较多活性位点,因此显示出比金红石 TiO_2 更高的催化活性。

1. TiO_2 的能带结构。

常见的光电催化材料主要有 TiO_2、ZnO、α-Fe_2O_3、WO_3、CdS、ZnS 等,其能带结构如图 4-16-2 所示。其中,TiO_2、ZnO、CdS 所具有的光电催化性能较好,但 ZnO 与 CdS 容易长时间光照下发生

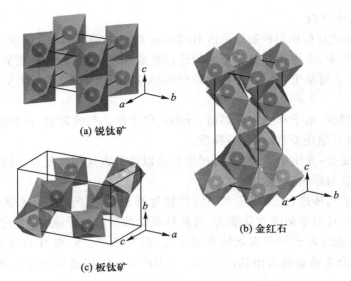

(a) 锐钛矿

(b) 金红石

(c) 板钛矿

图 4-16-1　不同相态的 TiO₂ 的晶胞结构

光腐蚀,析出 Zn^{2+}、Cd^{2+},将对环境催化降解造成二次污染。α-Fe_2O_3 虽然具有可见光吸收能力,但其禁带宽度过小,导致光生电子与空穴氧化还原活性欠佳且易于复合,不太适用于光电催化降解污染物。WO_3 的催化活性较低,也难以实现光电催化的实际应用。因此,在目前常见光电催化材料中,TiO_2 依然是光电催化降解污染物的最佳选择。

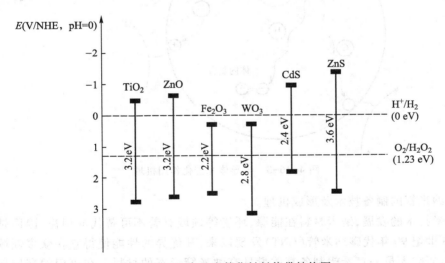

图 4-16-2　常见光催化材料能带结构图

就锐钛矿型 TiO_2 而言,其禁带宽度为 3.2 eV,激发波长为 387.5 nm。其价带空穴具有很强的氧化性,能够有效地将有机物直接降解,或将水分子转化为羟基自由基(·OH)间接进攻污染物。同时,其导带电子具有较强的还原性,能够将大多数金属离子还原,或将水中溶解的氧气还原为超氧阴离子(O_2^-·)并由此引发污染物降解。因此,绝大部分有机与无机污染物都能被锐钛矿型 TiO_2 光电催化降解,最终转化为环境友好的产物。

2. TiO₂ 的光催化原理。

TiO₂ 的多相光催化反应作用机制最早由 Hoffmann 提出,如图 4-16-3 所示。其主要过程如下:

(1)载流子的产生:半导体导带价带之间还存在着禁带,当入射光子能量达到或者超过半导体的禁带宽度时,电子可从价带被激发到导带产生导带电子,同时价带产生空穴,形成载流子(电子 e^- 空穴 h^+ 对)。

(2)载流子的捕获:电子和空穴分离后,分别迁移至催化剂的表面,被界面处吸附物质俘获,电子-空穴被转化成其他还原性/氧化性物质。

(3)载流子的复合:光生电子-空穴对产生后会以多种方式快速复合,并以热量的形式耗散,该过程包括表面复合与体内复合。

(4)界面载流子的传递:光生电子和空穴传输过程包括电子引发的还原过程与空穴导致的氧化过程。光生空穴具有很强的氧化能力,可从被吸附的溶剂分子或底物分子处夺取电子,将目标分子氧化。相反,光生电子可与氧化性物质反应,将其还原。h^+ 与 H_2O 结合生成羟基自由基($\cdot OH$),e^- 与 O_2 结合生成超氧自由基($\cdot O_2^-$)。$\cdot OH$ 与 $\cdot O_2^-$ 以及 h^+ 用于有机污染物的氧化,生成小分子物质。

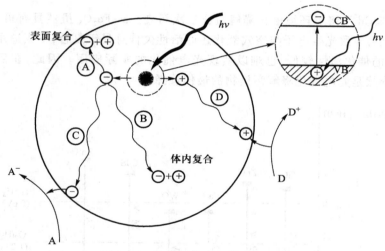

图 4-16-3　半导体光催化作用机理

3. TiO₂ 纳米管的制备技术及形成机理。

随着纳米技术的发展,纳米材料在能源、环境等领域有着不可替代的用途,因而越来越受到重视。自 20 世纪 90 年代碳纳米管(CNT)发现以来,其优异的性能使得它在众多领域都有广泛的应用,所以研究人员一直希望制备高质量具有纳米管形态的材料。在可用的高质量纳米管材料中,TiO₂ 纳米管是最合适的研究材料之一。TiO₂ 纳米管本身具有比表面积大、生物相容性好、稳定性和催化活性高、无二次污染、与金属负载能力强、耐腐蚀性强等优点,因此在气体传感器、燃料敏化电池、光解水产氢、光催化系统、生物医学工程等领域有着广泛的应用。2001 年,Grimes 等人利用阳极氧化法制备了 TiO₂ 纳米管,开启了 TiO₂ 纳米管的新纪元。阳极氧化法合成简单,物理和化学稳定性好,比表面积大,可控性和重复性强,是当前合成 TiO₂ 纳米管的主流方法。

TiO₂ 纳米管的制备原理是在电解液存在的条件下,通过电化学的能量供给方式产生的化学反应,作用于钛/氧化钛界面和氧化钛/电解质界面发生物理界面的形态改变。目前主要的电解液成分是在酸性电解质中加入氟离子,在电流作用下钛溶解于电解质中并产生大量的 Ti^{4+},电解质溶液中的含氧离子和水与 Ti^{4+} 相互作用在 Ti 基表面形成二氧化钛薄膜;二氧化钛薄膜在电流作用下溶解形成凹陷的微孔;微孔的大小随着时间的延长逐渐扩展,小孔的深度增加,相邻的小孔融合形成大的孔洞,进而形成管状结构;当金属的溶解与管结构形成处于平衡状态时大管的管径趋于稳定并不再变化。纳米管的形成过程是 TiO₂ 层不断向钛基底推进的结果,当 TiO₂ 膜两侧的离子迁移达到平衡时,纳米管的生长进入平衡阶段,即 TiO₂ 纳米管的生成速率与其在溶液中的腐蚀速率相等时,纳米管长度保持稳定,如图 4-16-4 所示。

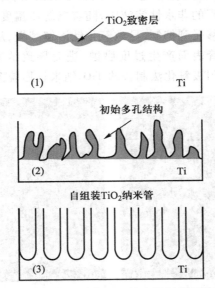

图 4-16-4　自组装 TiO₂ 纳米管行程示意图

4. 阳极氧化法制备 TiO₂ 纳米管的影响因素。

（1）氧化电压的影响:氧化电压是电化学反应体系中维持反应进程的驱动力,促使电解液中离子的移动。在制备 TiO₂ 纳米管的过程中,氧化电压越大,相应的反应体系中的能量就越大,电解液中的离子获得更高的势能,增强穿透纳米管底部阻挡层的能力,加快了 Ti/TiO_2 界面向钛基推进的速率。而在有机电解液体系中电压小于 20 V 时,纳米管的长度随氧化电压增加而增加,当电压超过 20 V,电压再继续升高,纳米管长度不再继续增加,其原因在于超过 20 V 的电压在促进 Ti/TiO_2 界面向钛基底部的推进的过程的同时也造成了纳米管顶端的溶解,纳米管形成和溶解的进程趋于平衡,纳米管管长趋于稳定。

（2）氧化时间的影响:研究表明,阳极氧化法制备 TiO₂ 纳米管阳极氧化的时间决定纳米管形态。在氧化的初始阶段,随着氧化时间的增加,TiO₂ 纳米管的长度线性增加,当长度-时间变化曲线进入平台期,氧化钛薄膜的形成和溶解之间达到平衡,纳米管长度趋于稳定,纳米管长度也更趋近于极限值不再变化。这是由于在电流密度-时间的变化曲线中,当氧化时间到达某个值时,电流密度也会稳定保持在一个固定的区间,而纳米管长度在该极限值处趋于稳定。TiO₂ 纳米管的长度对材料的生物相容性没有明显影响,但可通过改变纳米管的管径/管长比影响材料药物的吸附和缓释,从而影响其生物学效应。

(3) 电解液 pH 的影响:阳极氧化法制备 TiO₂纳米管的过程中,电解液 pH 发挥至关重要的作用,在氧化电压、氧化时间不变的条件下,改变电解液 pH 能够影响 TiO₂纳米管的长度,因为 H^+ 的存在加剧 TiO₂氧化层的溶解,从而影响纳米管长度($TiO_2+6F^-+4H^+ \Longrightarrow [TiF_6]^{2-}+2H_2O$);但在电解液体系中由于 H^+ 的消耗,随着时间的延长,TiO₂氧化膜溶解速率下降。

(4) 电解液温度的影响:阳极氧化过程中电解液温度是影响纳米管的生长速率、管长和管壁厚度的重要因素,在水溶液电解质中,随着电解液温度的升高,纳米管内径增加而外径保持不变,导致纳米管管壁厚度减少,其原因类似于电场和 F^- 诱导的溶解,即温度升高加速离子溶解从而提高纳米管的生成速率;在含 F^- 的非水性溶液中,随着电解质温度的升高,纳米管的外径明显增大,这是由于低温条件下 F^- 迁移受到抑制,导致氧化钛溶解减慢,从而导致纳米管管径变小。但是,温度过高会引起 TiO₂纳米管表面产生过度腐蚀,进而导致纳米管倒伏和团聚。因此,制备 TiO₂纳米管最佳温度为室温。阳极氧化法制备的 TiO₂纳米管形貌图如图 4-16-5 所示。

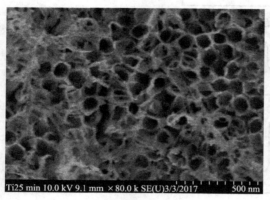 

(a) 俯视图　　　　　　　　　　　　　　(b) 截面图

图 4-16-5　阳极氧化法制备 TiO₂纳米管的 SEM 图

仪器及试剂

1. 仪器:直流恒压电源;电化学池;马弗炉;电子天平;光催化反应装置;紫外-可见吸收光谱仪。
2. 试剂:钛片(Ti,99.6%);氟化铵(NH₄F,98.0%);乙二醇(OHCH₂CH₂OH);亚甲基蓝($C_{16}H_{18}ClN_3S \cdot 3H_2O$)。

实验步骤

1. TiO₂纳米管的制备流程。

钛片裁剪成 1.5 cm×1.5 cm 大小,依次用丙酮、乙醇和水清洗,将清洗后的钛片作为阳极,铂片电极作为对电极,利用阳极氧化法,以含 $0.2\ mol\cdot L^{-1}\ NH_4F$、$1\ mol\cdot L^{-1}\ H_2O$ 的乙二醇溶液作为电解液,室温,60 V 电压下阳极氧化 1 h,乙醇浸泡 1 h,氮气吹干。然后置于马弗炉中,空气气氛下由室温升温至 450 ℃ 并维持此温度煅烧 0.5 h,得到锐钛矿型 TiO_2 纳米管阵列(装置如图 4-16-6 所示)。

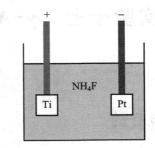

图 4-16-6　电化学阳极氧化法制备 TiO₂ 纳米管装置图

2. TiO₂ 纳米管光催化降解亚甲基蓝的活性评价。

光催化降解实验采用 250 W 汞灯作为紫外光源,将制备好的 TiO₂ 纳米管作为催化剂放置在质量浓度为 10 mg/L 的亚甲基蓝(MB)溶液中,暗反应 30 min 达到吸附/脱附平衡后,测定 MB 的初始吸光度。将样品置于提前稳定好光源的紫外灯下,每隔一定的时间间隔取一定量含样品溶液,离心取上层清液测定某一时刻降解后的 MB 的吸光度,MB 的吸光度在 λ = 664 nm 处测定,根据朗伯-比尔定律,亚甲基蓝溶液的吸光度 A 值与溶液浓度 c 值成正比。由于本实验中的有机染料溶液的浓度非常低,因此有机染料的光催化降解反应属于一级动力学,满足方程 $\ln(c/c_0) = -k_{app}t$,k_{app} 为降解亚甲基蓝的表观反应速率常数,k_{app} 越大说明样品的光催化性能越好。

实验结果和讨论

1. 电化学阳极氧化过程中观察两个电极是否有气泡冒出,思考原因。
2. 观察制备好的氧化钛纳米管膜的颜色和平整程度,以及加热后颜色的变化。
3. 计算氧化钛纳米管光催化降解亚甲基蓝的反应速率。
4. 与其他同学的实验结果进行对照,定性讨论影响最终光催化活性的因素。

思考题

1. 列出整个电化学阳极氧化过程中阴极和阳极的电化学反应。
2. 是否可以将钛片换成其他金属制备其他的纳米管阵列?
3. 450 ℃ 加热焙烧的作用是什么?
4. 对实验改进有哪些设想和建议?

参考文献

实验十七　$\gamma\text{-}Al_2O_3$ 的制备、表征及脱水活性评价

实验目的

1. 了解 $\gamma\text{-}Al_2O_3$ 的制备方法。
2. 了解 $NH_3\text{-}TPD$ 和 $CO_2\text{-}TPD$ 方法测定固体表面酸、碱性的原理及方法。
3. 了解固体催化剂的活性评价方法。

实验基本原理

Al_2O_3 是工业上常用的化学试剂,由于制备条件不同,具有不同的结构和性质。到目前为止 Al_2O_3 按其晶形可分为 8 种,即 $\alpha\text{-}Al_2O_3$、$\theta\text{-}Al_2O_3$、$\gamma\text{-}Al_2O_3$、$\delta\text{-}Al_2O_3$、$\eta\text{-}Al_2O_3$、$\chi\text{-}Al_2O_3$、$\kappa\text{-}Al_2O_3$ 和 $\rho\text{-}Al_2O_3$。Al_2O_3 可用作吸附剂、催化剂和催化剂载体。其中 $\gamma\text{-}Al_2O_3$ 用途最广,因为它表面积大,在多数催化反应的温度范围内稳定性好。$\gamma\text{-}Al_2O_3$ 被用作载体时,除可以起到分散和稳定活性组分的作用外,还可提供酸、碱活性中心,与催化活性组分起到协同作用。

$\gamma\text{-}Al_2O_3$ 由 $\alpha\text{-}Al_2O_3$、$\beta\text{-}Al_2O_3 \cdot 3H_2O$ 在一定条件下制得的勃母石($Al_2O_3 \cdot H_2O$)在 500～850 ℃ 焙烧而成。进一步提高焙烧温度,$\gamma\text{-}Al_2O_3$ 则相继转化为 $\delta\text{-}Al_2O_3$、$\theta\text{-}Al_2O_3$ 和 $\alpha\text{-}Al_2O_3$。

Al_2O_3 水合物在焙烧脱水过程中通过以下反应形成 L 酸中心(指任何可以接受电子对的物种)和 L 碱中心(可以提供电子对的物种):

$$
\begin{array}{c}
\text{OH} \qquad\qquad \text{OH} \\[2pt]
| \qquad\qquad\quad | \\[2pt]
\text{HO—Al—OH} + \text{HO—Al—OH} \xrightarrow[\Delta]{-H_2O}
\end{array}
\qquad
\begin{array}{c}
\text{OH} \qquad\qquad \text{OH} \\[2pt]
| \qquad\qquad\quad | \\[2pt]
\text{—O—Al—O—Al—O—} \\[2pt]
\qquad\quad \downarrow \qquad\qquad\quad \downarrow \\[2pt]
\text{L酸中心} \qquad \text{L碱中心}
\end{array}
$$

$$
\xrightarrow{-H_2O}
\begin{array}{c}
O^{2-} \\
/ \;\; \backslash \\
\text{—O—Al}^+\text{—O—Al—O—}
\end{array}
\qquad\longrightarrow\qquad
\begin{array}{c}
\text{—O—Al}^+\text{—O—Al—O—} \\[2pt]
\qquad\qquad\qquad\quad | \\[2pt]
\qquad\qquad\qquad\quad O^-
\end{array}
$$

而上述 L 酸中心很容易吸收水转变成 B 酸中心:

$$
\begin{array}{c}
\text{—O—Al}^+\text{—O—Al—O—} \\[2pt]
\qquad\qquad\qquad\quad | \\[2pt]
\qquad\qquad\qquad\quad O^-
\end{array}
\xrightarrow{-H_2O}
\begin{array}{c}
\qquad\quad \text{B酸中心} \\[2pt]
\text{H} \;\downarrow\; \text{H} \\[2pt]
O^+ \qquad\qquad O^- \\[2pt]
| \qquad\qquad\quad | \\[2pt]
\text{O—Al}^+\text{—O—Al—O—}
\end{array}
$$

凡能给出质子(氢离子)的物种称为 B 酸;凡能接受质子的物种称为 B 碱。

在用 Al₂O₃ 作催化剂时,其表面酸碱性质除和制备条件有关外,还与焙烧过程中 Al₂O₃ 脱水程度以及 Al₂O₃ 晶形有关。经 800 ℃ 焙烧过的 Al₂O₃ 得到的红外吸收谱图中,有 3 800 cm⁻¹、3 780 cm⁻¹、3 744 cm⁻¹、3 733 cm⁻¹、3 700 cm⁻¹5 个吸收峰。这 5 个吸收峰对应于图 4-17-1 中 5 种不同的羟基(分别以 A、B、C、D 和 E 表示)。由于这些羟基周围配位的酸或碱中心数不同。使每种羟基的性质也不同,故出现 5 种不同的羟基吸收峰。

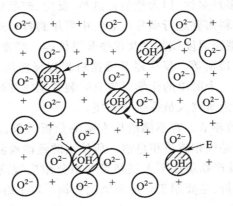

图 4-17-1　Al₂O₃ 表面的羟基

醇在 Al₂O₃ 的酸、碱位的协同作用下可以发生脱水反应而生成相应的醚。例如,甲醇脱水生成二甲醚的反应机理如下:

$$CH_3-O: \quad CH_3-O-H \quad \longrightarrow \quad CH_3-O-CH_3 \quad O-H \quad \longrightarrow \quad CH_3-O-CH_3 + H_2O$$

碱　　　　酸　　　　　　　　碱　　　　酸　　　　　　+　碱　+　酸

二甲醚本身可用作喷雾剂、冷冻剂和燃料,同时又是由合成气生产汽油和乙烯等的中间体,因此,研究甲醇脱水制备二甲醚的反应有重要意义。

催化反应的活性评价是研究催化过程的重要组成部分,无论在生产还是在科学研究中,它都是提供初始数据的必要方法。

评价一种催化剂的优劣通常要考查 3 个指标,即活性、选择性及使用寿命。活性一般由反应物料的转化率来衡量,选择性是指目标产物占所有产物的比例,寿命是指催化剂能维持一定的转化率和选择性所使用的时间。一种好的催化剂必须同时满足上述 3 个条件。其中活性是基本前提,只有在达到一定的转化率时才能追求其他高指标。选择性可直接影响到后续分离过程及经济效益。至于催化剂的使用寿命,人们当然希望它越长越好,但因在反应过程中,催化剂会出现不同程度的物理及化学变化,如中毒、结晶颗粒长大、结炭、流失、机械强度降低等,使催化剂部分或全部失去活性。在工业生产上,一般催化剂使用寿命为半年、一年,甚至两年,对某些贵金属催化剂还要考虑回收及再生等问题。

开发一种新型催化剂需要做很多工作,如催化剂的制备方法、组成和结构等对其活性及选择性均有影响,而且同一种催化剂在不同的反应条件下得到的结果也是不一样的。所以,催化剂的评价是复杂而细致的工作。一般起步于实验室的微型反应装置,在不同反应条件下考查单程转化率及选择性,对实验结果较好的催化剂再进行连续运行考查单程转化率及选择性,对实验结果较好的催化剂再进行连续运行考查寿命,根据需要进行逐级放大。在放大过程中还必须考虑传质、传热过程,为设计工业生产反应器提供工艺及工程数据。当然,开发新催化剂不仅限于评价工作,还应同时研究它的反应动力学和机理、失活原因等,为催化剂的制备提供信息。总之,开发一种性能良好的催化剂需要一段漫长的过程。

　　催化剂的实验评价装置多种多样,但大致包括进料、反应、产品接收和分析等几部分,对于一些单程转化率不高的反应,物料需要进行循环。装置中要用到各种阀门、流量计以及控制液体流量的计量泵。控制温度常用精密温度控制仪及程序升温仪等。产物的接收常用各种冷浴,如冰、冰盐、干冰-丙酮、液氮及电子冷阱等。反应器及管路材料视反应压力、温度、介质而定。管路通常还需加热保温。综上因素,一个简单的化学反应有时装置也较复杂。目前,比较先进的实验室已广泛使用计算机控制,从而为研究人员提供了方便。

　　产品的分析是十分关键的环节。若不能给出准确的分析结果,其他工作都是徒劳的。目前在催化研究中,最普遍使用的是气相或液相色谱。所使用的色谱检测器,视产物的组成而定。热导池检测器多用于常规气体及产物组成不太复杂且各组分浓度较高的样品分析,氢火焰检测器灵敏度高,适用于微量组分分析,主要用于分析碳氢化合物。对于组分复杂的产物通常用毛细管柱分离。

　　既然甲醇脱水制备二甲醚的反应是在 γ-Al_2O_3 表面酸、碱位的协同作用下进行的,那么,γ-Al_2O_3 表面酸、碱的强度和酸、碱位的数量必然和反应性能有密切关系。因此,本实验还安排了用 NH_3-TPD 和 CO_2-TPD 方法测定 γ-Al_2O_3 表面酸、碱强度和酸、碱位数量。它们的基本原理是,先让 γ-Al_2O_3 吸附 NH_3 或 CO_2,然后在惰性气流中进行程序升温。与酸位结合的 NH_3 或与碱位结合的 CO_2 就会脱附出来。脱附峰对应的温度越高,表示酸(或碱)的强度越大;而脱附峰的面积则表示酸(或碱)位的数量多少。

仪器及试剂

　　1. 仪器:搅拌及恒温水浴;真空泵;电导仪;箱式高温炉;电子天平;反应装置(图 4-17-2);气相色谱仪;积分仪;氢气发生器;TPD 装置。

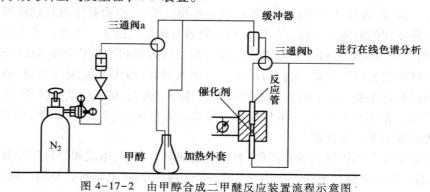

图 4-17-2　由甲醇合成二甲醚反应装置流程示意图

2. 试剂:甲醇(CH$_3$OH);高纯 N$_2$(99.999%);γ-Al$_2$O$_3$ 催化剂;偏铝酸钠(NaAlO$_2$);浓盐酸(HCl,36%~38%);NH$_3$-He 混合气;高纯 He(99.999%)。

实验步骤

一、γ-Al$_2$O$_3$ 的制备

1. 先用量筒配制体积比为 1:5 的盐酸 200 mL。

2. 称取 8 g NaAlO$_2$,溶于 150 mL 去离子水中,使之充分溶解,如有不溶物可加热搅拌。

3. 将配制好的 NaAlO$_2$ 溶液置于 70 ℃ 恒温水浴中。搅拌,慢慢滴加配制好的盐酸。控制滴加速率为 10 s 1 滴,约滴加 55 mL 盐酸,测量 pH 为 8.5~9 时,即达终点(控制 pH 很重要)。

4. 继续搅拌 5 min,在 70 ℃ 水浴中静置老化 0.5 h。过滤、洗涤沉淀直至无 Cl$^-$(滤液电导在 50 Ω^{-1} 以下)。

5. 将沉淀于烘箱内在 120 ℃ 以下烘干 8 h 以上。

6. 在 450~550 ℃ 焙烧 2 h。

7. 称量所得 γ-Al$_2$O$_3$ 的质量。

二、γ-Al$_2$O$_3$ 的活性评价

反应装置如图 4-17-2 所示。甲醇由氮气带入反应器,在 a、b 两点分别取样,分析甲醇被带入量及产物组成。冰浴中收集到的组分是反应生成的部分水。在常温下二甲醚呈气体状态,存在于反应尾气中。

1. 将 γ-Al$_2$O$_3$ 粉末在压片机上以 500 MPa 压力压成圆片,再破碎、过筛,选取 40~60 目筛分备用(预习时完成)。

2. 将 1 g 催化剂装填于反应管内,并将反应管与管路连接好。

3. 打开氮气瓶,选择三通阀 a 的位置,使氮气不通过甲醇瓶而直接进入反应器,控制氮气流速为 40 mL·min^{-1}。开启加热电源,使反应管升温至 250 ℃。切换三通阀 a,使氮气将甲醇带入反应器,开始反应。计算空速 GHSV、线速及接触时间。

4. 色谱分析。

分析条件:

检测器:TCD;色谱柱:GDX—403,长 2 m;载气:H$_2$ 40 mL·min^{-1};柱温:80 ℃;桥流:150 mA;汽化温度:160 ℃。

分析步骤(在反应前完成):

先通载气,待载气流量达规定值时,打开色谱仪总电源,再启动色谱室。然后接通汽化器电源,待柱温升到 80 ℃ 并稳定后,打开热导池电流开关,将桥流调至规定值。

5. 待反应进行一段时间后,通过切换三通阀 b 用色谱仪分别分析反应尾气和原料气,由分析结果可计算出甲醇的转化率及选择性。每个取样点取两个平行数据。

6. 将反应管升温至 400 ℃ 继续反应,待温度稳定 0.5 h 后,再取一组样。每点仍取两个平行

数据。

7. 停止反应,将三通阀转向,断开甲醇通路,关闭加热电源,2 min 后关闭氮气,同时将色谱仪关闭(按与开机相反的顺序操作)。

三、γ -Al$_2$O$_3$ 表面酸性测量

1. 让质谱仪处于备用状态。

2. 将 0.1 g γ-Al$_2$O$_3$(实验步骤一中筛分好的)置入反应管,见图 4-17-3。

3. 以 40 mL·min^{-1} 流速通入氦气,将反应管升温至 300 ℃ 并恒温 1 h。

4. 将反应管降至室温。

5. 将氦气切换为 NH$_3$-He 混合气(40 mL·min^{-1})以进行 NH$_3$ 的吸附,此过程持续 20 min。

6. 将 NH$_3$-He 混合气切换为氦气(40 mL·min^{-1})进行吹扫直至质谱仪检测器基线稳定。

7. 由室温以 10 ℃·min^{-1} 的速度进行程序升温(至 800 K 左右),同时用质谱仪记录升温曲线。

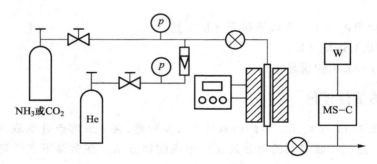

图 4-17-3 γ-Al$_2$O$_3$ 表面酸性测量装置流程示意图

四、γ -Al$_2$O$_3$ 表面碱性测量

除将 NH$_3$-He 混合气更换为 CO$_2$-He 混合气外,与实验步骤三完全相同。

实验结果和讨论

1. 计算 γ-Al$_2$O$_3$ 的产率并分析可能造成损失的原因。

2. 记录装填催化剂的质量、体积、氮气流速、室温、反应恒温时间。

3. 计算甲醇在氮气中的体积分数,并计算空速、线速及接触时间。

4. 记录在两种不同温度下甲醇及二甲醚的色谱峰面积,分别计算甲醇的转化率,并比较温度对活性和选择性的影响。

5. 与其他同学的实验结果进行对照,定性讨论反应性能与 γ-Al$_2$O$_3$ 表面酸、碱强度和酸、碱中心数量之间的关系。

思考题

1. γ-Al₂O₃ 的 L 酸、B 酸中心是如何产生的？
2. γ-Al₂O₃ 为何可以提高甲醇脱水生成二甲醚的反应速率？
3. 反应温度和压力对二甲醚的产率有何影响？
4. 对实验改进有哪些设想和建议？

参考文献

实验十八　转移催化苯乙烯的二氯环丙烷化反应

实验目的

1. 通过相转移催化剂苄基三乙基氯化铵(BTEAC)的制备,并将其用于从氯仿产生二氯卡宾、对苯乙烯进行二氯环丙烷化反应,掌握相转移催化剂的制备和使用。

2. 掌握二卤卡宾的合成应用。

实验基本原理

卡宾(carbene)是一种活泼的有机反应中间体,它对烯烃的环丙烷化反应表现出极其活泼的反应性能。利用二卤卡宾对烯烃进行二卤环丙烷化是卡宾化学的一个重要应用。产生二卤卡宾的经典方法之一是由强碱如叔丁醇钾与卤仿反应,这种方法要求严格的无水操作,因而不是一种方便的方法。在发现相转移催化(phase transfer catalysis)方法(简称 PTC 方法)之后,在相转移催化剂存在下,于水相-有机相系统中可以方便地产生二卤卡宾并进行烯烃的环丙烷化反应。这种方法不需要使用强碱和无水条件,给实验操作带来很大方便,同时还缩短了反应时间,提高了产率。

本实验包括相转移催化剂苄基三乙基氯化铵(BTEAC)的制备、二氯卡宾的产生及其与苯乙烯的二氯环丙烷化两步反应。首先,氯化苄与三乙胺在加热条件下形成季铵盐 BTEAC:

$$PhCH_2Cl + N(C_2H_5)_3 \xrightarrow{\triangle} PhCH_2\overset{+}{N}(C_2H_5)_3\overset{-}{Cl}$$

在氢氧化钠水溶液(水相)氯仿和苯乙烯(有机相)的两相体系中,相转移催化剂苄基三乙基氯化铵在水相中发生可逆的离子交换,形成具有强碱性的季铵碱(苄基三乙基氢氧化铵)并部分转移至有机相中。然后夺取有机相中氯仿的弱酸性氢,形成 $[PhCH_2N^+(C_2H_5)_3]CCl_3^-$ 离子对,该离子对在反应条件下不稳定,迅速分解成二氯卡宾和 BTEAC。其中的 BTEAC 返回其更易溶解的水相,实现催化剂的循环;而二氯卡宾则与有机相中的苯乙烯进一步发生环加成反应,生成1-苯基-2,2-二氯环丙烷。整个相转移催化反应的过程如图 4-18-1 所示。

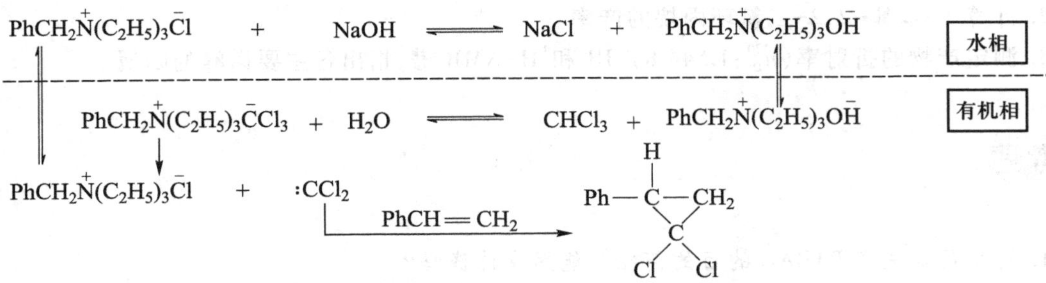

$$PhCH_2\overset{+}{N}(C_2H_5)_3\overset{-}{Cl} \quad + \quad NaOH \quad \Longleftrightarrow \quad NaCl \quad + \quad PhCH_2\overset{+}{N}(C_2H_5)_3O\overset{-}{H} \qquad \boxed{水相}$$

$$PhCH_2\overset{+}{N}(C_2H_5)_3\overset{-}{CCl_3} \quad + \quad H_2O \quad \Longleftrightarrow \quad CHCl_3 \quad + \quad PhCH_2\overset{+}{N}(C_2H_5)_3O\overset{-}{H} \qquad \boxed{有机相}$$

$$PhCH_2\overset{+}{N}(C_2H_5)_3\overset{-}{Cl} \quad + \quad :CCl_2 \quad \xrightarrow[\ PhCH=CH_2\ ]{}$$

$$Ph-\overset{\overset{\displaystyle H}{|}}{\underset{\underset{\displaystyle Cl\quad Cl}{}}{C}}\diagup CH_2$$

图 4-18-1　相转移催化反应过程

仪器及试剂

1. 仪器:常量玻璃合成制备仪;磁力搅拌器;旋转蒸发仪;电热套;真空泵。
2. 试剂:氯化苄(C_7H_7Cl);三乙胺($C_6H_{15}N$);苯乙烯(C_8H_8);三氯甲烷($CHCl_3$);苯(C_6H_6);石油醚($60\sim90\ ℃$);无水氯化钙($CaCl_2$)。

实验步骤

1. 苄基三乙基氯化铵(BTEAC)的制备。

于 50 mL 圆底烧瓶中放入一粒磁搅拌子,装上回流冷凝管。烧瓶中加入 1.26 g(0.01 mol)新蒸过的氯化苄和 1.0 g(0.01 mol)三乙胺,然后加入 5 mL 水,在搅拌下加热回流 2~3 h,直到油状物消失为止。稍冷后,将反应混合物倾入小烧杯中,在通风橱中小心加热浓缩,蒸发除去水分,至形成黏稠状液体时即停止加热。冷至室温后用冰盐浴冷却,得到白色或淡棕色固体,在通风橱中用少量苯洗涤。产品置于真空干燥器中干燥。

2. 1-苯基-2,2-二氯环丙烷的制备。

在 50 mL 三颈瓶中放入一粒磁搅拌子,装上回流冷凝管和温度计。瓶中加入 2.1 g(0.02 mol)苯乙烯、4.8 g(0.04 mol)氯仿、4 mL 50% NaOH 水溶液和 0.1 g(苯乙烯用量的 2.2%,摩尔分数)苄基三乙基氯化铵。反应温度控制在 40 ℃左右激烈搅拌 4 h。反应毕,加入 25 mL水,用分液漏斗分出有机层。水层用每次 10 mL 石油醚(60~90 ℃)萃取 3 次,合并有机层,用8 mL 水洗涤两次,分出有机层。用无水氯化钙干燥。滤去干燥剂后,用旋转蒸发仪减压蒸除石油醚和氯仿,然后进行减压蒸馏,收集 90 ℃/0.66 kPa(或 104~106 ℃/1.86 kPa)馏分,产物在室温下为无色油状液体。

实验数据处理

1. 计算苄基三乙基氯化铵(BTEAC)的产率。

2. 计算 1-苯基-2,2-二氯环丙烷的产率。

3. 测定产物的折射率(n_D^{20}:1.544 8)、IR 和 ^{1}H-NMR 谱,指出各主要谱峰的归属。

思考题

1. 用少量苯洗涤 BTEAC 的目的何在? 能用水洗涤吗?

2. 试简述经典方法与 PTC 法进行卡宾的制备及反应的优缺点。

3. 在温度高于 40 ℃时,二氯卡宾可能发生什么反应? 用反应方程式说明。

知识扩展

1. 氯化苄是一种催泪物质,使用时要小心,应在通风橱中操作,并勿使其接触皮肤。

2. 为防止苯乙烯聚合,商品苯乙烯中含有阻聚剂对苯二酚,故在使用前,应作纯化处理:先用 1% NaOH 溶液洗 3 次,再用 1% HCl 溶液洗 3 次,最后用水洗到中性分出有机层,用无水硫酸钠干燥,减压蒸馏,收集 52 ℃/3.7 kPa 馏分。不能在常压下蒸馏,否则苯乙烯受强热将发生聚合反应。

3. 由于 50% NaOH 溶液容易吸收空气中的二氧化碳或水分,因此应现配现用。新配制的 50% NaOH 溶液温度可达 65 ℃以上,可先置于水中冷却到室温后再加入反应物中,否则反应时温度将难以控制。

4. 反应温度的控制很重要。如果反应温度太高,二氯卡宾容易发生其他副反应,使产率大大下降。

参考文献

实验十九　尼泊金酯的杂多酸催化合成及动力学研究

实验目的

1. 学习用绿色杂多酸替代传统无机酸催化剂合成尼泊金酯。
2. 确定酯化反应级数及动力学方程,求得反应活化能。

实验基本原理

尼泊金酯(即对羟基苯甲酸酯),一般是由对羟基苯甲酸(以下简称为对酸)与 C_1 至 C_7 等低级醇所形成的酯。它是目前国际采用的安全有效的防腐剂,被广泛用于食品、化妆品、日用化工品及药物等行业中。我国目前使用的防腐剂仍以苯甲酸钠为主,而有些国家已禁用苯甲酸钠作为防腐剂。为了与国际标准接轨,尼泊金酯将成为我国重点发展的食品防腐剂之一,在国内的需求量必将迅速增加,对于其制备方法的研究也将日益增多,其中的重要方法之一是用固体催化剂代替传统的浓硫酸进行催化酯化。用杂多酸代替硫酸、盐酸等无机酸催化合成酯类的基础研究和生产工艺研究已比较成熟,其优点是:无毒、用量小、反应温度较低、酯化选择性和转化率高、对设备无腐蚀、无三废处理问题、环境污染小、催化剂可多次反复使用、生产工艺简单。这是一种典型绿色环境友好催化剂的应用实例。本实验以磷钨杂多酸、硅钨杂多酸为酸催化剂合成尼泊金酯,并与传统的无机酸如硫酸、硫酸铁等催化剂进行比较。进一步研究以磷钨杂多酸、硅钨杂多酸为催化剂,由对羟基苯甲酸和正丁醇的缩合反应动力学,确定其反应级数及动力学方程,求得反应活化能。

合成尼泊金丁酯的总反应方程式为

$$HO\!-\!\!\!\bigcirc\!\!\!-\!COOH + CH_3CH_2CH_2CH_2OH \xrightarrow{\text{催化剂}}$$

$$HO\!-\!\!\!\bigcirc\!\!\!-\!COOCH_2CH_2CH_2CH_3 + H_2O$$

其速率方程一般可写为

$$-\frac{dc_A}{dt} = kc_A^{\alpha}c_B^{\beta} \tag{4-19-1}$$

式中 c_A、c_B 为反应物酸、醇的浓度;α、β 为对应的反应级数。

该反应对酸、醇分别均为一级反应,即 $\alpha=1$,$\beta=1$,总反应为二级反应,动力学积分式为

$$f(x) = \frac{1}{a-b}\ln\frac{b(a-x)}{a(b-x)} = kt \tag{4-19-2}$$

式中 a、b 为对羟基苯甲酸和正丁醇的起始浓度;x 为时间 t 时对羟基苯甲酸的转化数,即

$$x = aX_A \tag{4-19-3}$$

式中 X_A 为对羟基苯甲酸的转化率。

在一定温度下,定时取样测定对羟基苯甲酸的转化率 X_A,代入方程并由 $f(x)$ 与时间 t 作图,如果实验结果 $f(x)$-t 呈线性关系,则此反应被证明是二级反应,即用尝试法来确定反应级数。

在不同的温度下作 $f(x)$-t 图,由直线斜率可求得不同温度下反应速率常数 k,利用阿伦尼乌斯(Arrhenius)关系式

$$k = Ae^{-\frac{E_a}{RT}} \tag{4-19-4}$$

积分式为

$$\lg k = \lg A - \frac{E_a}{2.303RT} \tag{4-19-5}$$

由 $\lg k$ 与 $1/T$ 作图,由直线斜率即可求得该反应在不同催化剂催化时的活化能 E_a。

仪器及试剂

1. 仪器:带分水器的合成烧瓶;水蒸气蒸馏装置;双层反应瓶;超级恒温水浴;磁力搅拌器;自动电位滴定仪;熔点测定仪;红外光谱仪。

2. 试剂:对羟基苯甲酸($C_7H_7O_3$);正丁醇($CH_3(CH_2)_3OH$);乙醇(C_2H_6O,95%);浓硫酸(H_2SO_4,98.3%);硫酸铁($Fe_2(SO_4)_3$);丙酮(C_3H_6O);磷钨杂多酸($H_7PW_{12}O_{42} \cdot xH_2O$,简写为 PW_{12})、硅钨杂多酸($H_8SiW_{12}O_{42} \cdot xH_2O$,简写为 SiW_{12}),两种杂多酸采用市售试剂;活性炭。

实验步骤

1. 尼泊金酯的合成。

(1) 酯的合成:催化合成反应在 250 mL 三颈瓶中进行,按一定比例加入对羟基苯甲酸(0.1 mol)、正丁醇(0.15 mol)、催化剂(对羟基苯甲酸)和溶剂(丙酮,20 mL)。然后在三颈瓶上安装分水器,上接球形冷凝管,在回流温度下反应,反应过程中不断有产物水在分水器中被收集。反应完成后(即产物水已经非常少量),用水蒸气法蒸馏出未反应的醇和溶剂,将剩余液体倒入盛有冷水的烧杯中冷却,固体粗产物自水中析出。分别用硫酸、硫酸铁、磷钨杂多酸、硅钨杂多酸为酸催化剂进行合成实验。

(2) 酯的精制:粗酯、乙醇(95%)、水、活性炭按一定比例进行脱色和重结晶处理(用杂多酸为催化剂时无需活性炭脱色处理),得到白色或微黄色固体的精制产品。

(3) 酯的检测:测定产品的熔点(用常规毛细管测定法或用显微熔点测定仪测定)及用红外光谱分析(可在日本 IR—408 型红外光谱仪上绘制谱图)。比较各催化剂所合成产品的产率、产品色泽、产品熔点等。

2. 动力学实验。

酯化反应在密封的双层玻璃瓶内进行。将催化剂、对羟基苯甲酸、正丁醇(按以上加入量)、磁子加入双层瓶中,玻璃瓶外层与超级恒温水浴连接,用磁力搅拌器搅拌,反应温度恒定(±0.5 ℃),定时取样(每隔 0.5 h 取一次样,共测 5~8 个数据),用滴定法测定对羟基苯甲酸的转化率。以反应液最初的酸值为基数,按式(4-19-6)计算对羟基苯甲酸的转化率 X_A:

$$X_A = 1 - \frac{不同时刻实测酸值}{反应液最初酸值} \qquad (4-19-6)$$

分别测定至少 3 个温度下(如 70 ℃、80 ℃、90 ℃)的动力学数据。

实验数据处理

1. 尼泊金丁酯合成中不同催化剂活性的考察。

分别以硫酸、硫酸铁、磷钨杂多酸、硅钨杂多酸为催化剂合成尼泊金丁酯,正丁醇、对羟基苯甲酸、丙酮(作溶剂)的物质的量之比为 1.5∶1∶2,催化剂用量为对羟基苯甲酸质量的 5%。结果列于表 4-19-1。

表 4-19-1　不同催化剂制备尼泊金丁酯的结果

催化剂	H_2SO_4	$Fe_2(SO_4)_3$	PW_{12}	SiW_{12}
粗产品颜色				
粗产率/%				
精产率/%				
熔点/℃				

注:尼泊金丁酯熔点文献值为 68~69 ℃。

讨论用几种催化剂催化合成尼泊金丁酯的催化效果。

2. 动力学参数测定。

(1) 反应级数的确定:反应物酸醇物质的量之比为 1∶1.5,分别以催化剂 PW_{12}、SiW_{12} 为对羟基苯甲酸质量的 5%,温度分别恒定在 70 ℃、80 ℃、90 ℃时进行反应,定时取样测定对羟基苯甲酸转化率。用尝试法处理,由 $f(x)$ 与时间 t 作图,若所得图形为一条过原点的直线,表明该催化剂催化酯化反应为二级反应。

(2) 反应速率常数及活化能的确定:由图中各直线斜率得到各反应温度下的反应速率常数 k 值列于表 4-19-2 中。

表 4-19-2　各反应温度下的反应速率常数

项目	PW_{12}			SiW_{12}		
	70 ℃	80 ℃	90 ℃	70 ℃	80 ℃	90 ℃
k/min^{-1}						

　　将求得的 k 值的自然对数值 $\ln k$ 与反应温度的倒数 $1/T$ 作图,即得到阿伦尼乌斯直线,由直线斜率求得 PW_{12}、SiW_{12} 两种催化剂的活化能。

思考题

1. 动力学测定实验中影响测定的主要因素有哪些?
2. 催化剂加量如何影响反应速率的大小? 怎样通过实验求得反应对催化剂的反应级数?
3. 在合成尼泊金酯时所加的有机溶剂如丙酮等起什么作用? 怎样来选择溶剂?

参考文献

实验二十　自催化电极过程的阶跃电位时间电流法研究

实验目的

1. 了解电化学体系中传质过程的基本规律。
2. 了解暂态和稳态实验技术的特点。
3. 了解应用电化学方法研究化学反应动力学的实验技术和特点。
4. 掌握阶跃电位时间电流法测定自催化电极反应参数的基本原理和实验技能。
5. 通过阶跃电位时间电流法研究自催化电极过程,测定电极反应的动力学参数。

实验基本原理

　　阶跃电位时间电流法恰好与阶跃电流时间电位法相反,指令信号控制的是极化电位,响应信号测量的是相应的极化电流随时间变化的情况。由于阶跃电位时间电流法具有控制(电位)方法简便和测量(电流)精度高等特点,因此它不仅在电化学领域备受关注,而且也已成为化学动力学研究的重要实验手段。阶跃电位时间电流法通常选取不发生电化学反应的电极电位作为初值,从该初值电位跃迁到某一电位后保持不变,同时记录相应极化电流随时间的变化信号。对于简单电极反应的时间电流曲线与电极反应可逆性和阶跃电位值有关。但若阶跃电位的电位幅度足够大,使得在测量时间范围内,满足电极表面反应物浓度已经降为零的情况。那么,时间-电流曲线 $i_d(t)$ 就与电极反应的可逆性和阶跃电位值无关,而仅与反应物扩散过程有关,且满足科特雷尔(Cottrell)方程:

$$i_d(t) = \frac{nFAc^* \sqrt{D}}{\sqrt{\pi t}} \qquad (4-20-1)$$

　　式(4-20-1)给出的 $i_d(0)$ 初值为无穷大。由于恒电位仪输出能力和时间响应的关系, $i_d(0)$ 实验测量值不可能是无穷大,而是有限量。在初期的电流测量值中包含有非法拉第双电层充电电流。为了避免它的影响,在数据处理时应遵循后期取样的原则。

　　在阶跃电位阴极还原的实验中,当阶跃电位足够负时,简单电极反应的极限电流将按科特雷尔方程随时间增加而下降。但催化电极反应却由于表面反应物得到溶液中化学反应的适量补充,使得极限电流随时间增加而趋于某一稳定值。由于自催化电极反应的电极表面反应物将得到化学反应更多的补充,因此极限电流随时间增加而出现增加的奇特性质,即在电流随时间变化的曲线上表现出极小值关系。利用时间-电流曲线上升段的后期数据,作 $\ln i$ 与 t 的渐近线,根据它的斜率关系式在已知 f 的情况下,便可从其斜率的实验值中计算求出反应速率常数 k 值。

在酸性溶液中 KI 和 KIO$_3$ 的化学反应速率是相当快的。它的化学反应是

$$5I^- + IO_3^- + 6H^+ \xrightarrow{k'} 3I_2 + 3H_2O \tag{4-20-2}$$

已知 I$^-$ 离子反应级数是一级,那么,对于 I$^-$ 的化学反应速率方程可写成

$$\frac{dc_I}{dt} = -k_1 c_I \tag{4-20-3}$$

式(4-20-3)反应速率常数 $k_1 = k'c^a(IO_3^-) - c^b(H^+)$,其中 a 和 b 分别表示 IO$_3^-$ 和 H$^+$ 的反应级数。在建立反应速率常数 k_1 测定方法基础上,分别根据 IO$_3^-$ 浓度和 pH 对 k_1 值的实验关系确定反应级数 a、b 和 k' 值。

已知碘酸根在强酸性溶液中电化学还原具有自催化性质,本实验采用阶跃电位时间电流法研究自催化电极过程和确定化学反应的级数,试图通过另一种方法从另一方面对自催化电极过程展开研究,并将结果进行比较。把式(4-20-2)写成通式

$$O + ne \longrightarrow bR$$

$$bR + Z \xrightarrow{k} (1+f)O + Y$$

与简单电极反应不同,电极反应产物 R 将与溶液中 Z 进行化学反应,生成电极反应物 O,属伴随均相化学变化的电极反应类型,当 $f=0$ 时,它属催化电极反应类型。这里,$f = \dfrac{1}{5} > 0$,因此,它与催化电极反应也不相同,能生成更多的电极反应物 O,称自催化电极反应类型。

根据菲克(Fick)扩散第二定律写出电极的浓差极化微分方程式:

$$\frac{\partial c_O(x,t)}{\partial t} = D_O \frac{\partial^2 c_O(x,t)}{\partial x^2} + k \frac{1+f}{b} c_R(x,t) \tag{4-20-4}$$

$$\frac{\partial c_R(x,t)}{\partial t} = D_R \frac{\partial^2 c_R(x,t)}{\partial x^2} - k c_R(x,t) \tag{4-20-5}$$

初始和边界条件为

$$c_O(x,0) = c \quad c_O(\infty,t) = c_O^0 \tag{4-20-6}$$

$$c_R(x,0) = 0 \quad c_R(\infty,t) = 0 \tag{4-20-7}$$

$$-b\left[\frac{\partial c_O(x,t)}{\partial x}\right]_{x=0} = \left[\frac{\partial c_R(x,t)}{\partial x}\right]_{x=0} \tag{4-20-8}$$

$$c_O(0,t>0) = 0 \tag{4-20-9}$$

为了满足边界条件式(4-20-9),在实验中特地控制足够负的电极电位值,如 -450 mV $[\text{vs } Hg/Hg_2SO_4, H_2SO_4(1 \text{ mol} \cdot L^{-1})]$,从而实现极化电流始终满足极限的情况。

同样地,应用拉普拉斯变换解得

$$I_1(t) = \frac{nFA\sqrt{Dk}\, a\beta c_O^0}{f}\left[\frac{a+e^{-kt}}{\sqrt{\pi kt}} + \sqrt{\beta}\, e^{a^2\beta kt}(\text{erf}\sqrt{\beta kt} + \text{erf} a\sqrt{\beta kt})\right] \tag{4-20-10}$$

由式(4-20-10)知 $I_1(t)$-t 具有极小值的形式。在较小 t 时,方程(4-20-10)的右边第 1 项是主要的;随着 t 增加,第 2 项就愈加起主要作用;当 t 足够大后,第 1 项与第 2 项相比可忽略,且误差函数均可视为 1。因此式(4-20-10)可写为

$$I_1(t)\,\big|_{t\to\infty}=\frac{2nFA\sqrt{Dk}\,a\beta\sqrt{\beta}\,c_0^0}{f}\mathrm{e}^{a^2\beta kt} \qquad (4-20-11)$$

取对数,得

$$\ln I_1(t)\,\big|_{t\to\infty}=\ln\left(\frac{2nFA\sqrt{Dk}\,a\beta\sqrt{\beta}\,c_0^0}{f}\right)+a^2\beta kt \qquad (4-20-12)$$

从式(4-20-12)知 $I_1(t)\,\big|_{t\to\infty}$-$t$ 是线性关系,其斜率是 $a^2\beta k$,即

$$\frac{\mathrm{d}\ln I_1(t)\,\big|_{t\to\infty}}{\mathrm{d}t}=a^2\beta k=\frac{f^2}{1+2f}k \qquad (4-20-13)$$

式中 $f=\dfrac{1}{5}$,由式(4-20-13)可知,通过 $I_1(t)$-t 实验曲线取较大的 t 值作 $\ln I_1(t)$-t 的关系将获得一条直线,求其斜率则可计算速率常数 k。

为了确定该反应的 H^+ 的级数,可以根据其他研究者的结果,在 I^- 浓度不大时,化学变化过程对 I^- 是一级反应。由此,有

$$-\frac{\mathrm{d}c_{I^-}}{\mathrm{d}t}=k'c_{IO_3^-}^a\,c_{H^+}^m+c_{I^-}=kc_{I^-} \qquad (4-20-14)$$

在实验中恒定 IO_3^- 浓度,通过改变溶液的 pH 求得相应的 k 值,作 $\ln k$-pH 关系得一直线,求其斜率即 H^+ 的反应级数 m。

仪器及试剂

1. 仪器:恒电位仪;三电极电解池体系;Pt 球电极作为工作电极;Hg/Hg_2SO_4;H_2SO_4($0.5\ mol\cdot L^{-1}$)作为参比电极;Pt 片作为辅助电极。

2. 试剂:碘化钾(KI);H_2SO_4 溶液($0.5\ mol\cdot L^{-1}$);硫酸氢钾($KHSO_4$);硫酸钾(K_2SO_4);碘酸钾(KIO_3)。

实验步骤

1. 电解池准备。

研究电极 $Pt(A\approx0.13\ cm^2)$ 经王水处理后使用。Hg/Hg_2SO_4、H_2SO_4($0.5\ mol\cdot L^{-1}$)作为参比电极,辅助电极是 Pt 电极。

2. 溶液配制。

(1)所用化学试剂均为分析纯试剂,用二次蒸馏水配制之。为了改变溶液的 pH 且又保持溶液的离子强度相同,可按表 4-20-1 配制各种底液。

表 4-20-1　不同 pH 底液的物质浓度　　　　　　　　　单位: $mol \cdot L^{-1}$

物质	pH			
	1.66	1.37	1.21	0.99
H_2SO_4	0	0	0.05	1
$KHSO_4$	30	0.50	0.55	0.6
K_2SO_4	0.70	0.50	0.4	0.3
KIO_3	1.5×10^{-2}	1.5×10^{-2}	1.5×10^{-2}	1.5×10^{-2}

（2）另外配制 7.5×10^{-4} $mol \cdot L^{-1}$ 的 KI 溶液,使用之前以 2 体积的底液(10 mL)和 1 体积 KI 溶液(5 mL)混合,即可进行测量。

实验结果和讨论

1. 测量。

工作选择在阴极极化,阶跃电位幅度调节在 450 mV 左右,观察记录最佳的 $i-t$ 曲线,最后用 pH 计测定溶液的 pH。由于溶液 pH 变化对自催化过程速率有很大的影响,因此在检测 $i-t$ 曲线时必须选择适宜的量程。

2. 结果和讨论。

（1）以同样的方法测定上述 4 种不同 pH 溶液的反应速率常数。

（2）根据实验数据的 $i-t$ 图,选择较大的 t 作 $\lg i-t$ 关系图,以计算反应速率常数。作 $\lg k-pH$ 图确定 H^+ 的反应级数。

思考题

1. 阶跃电位时间电流法的特点是什么? 实验曲线的特征参数又是什么?

2. 进行阶跃时间电流法实验时必须注意哪些关键的操作步骤?

3. 在阶跃电位时间电流法数据处理时,为什么要遵循后期取样的原则?

4. 在控制电位条件下进行电化学阴极还原时,I_2 将在 Pt 电极上阴极还原成可溶性 I^-,扩散到溶液中的 I^- 又被溶液中的 IO_3^- 化学氧化为 I_2。试讨论实际体系中碘可能以什么形式存在?

5. 如何从实验中判断简单电极反应、催化电极反应和自催化电极反应?

6. 自催化电极反应类型在阶跃电流的时间-电位曲线、阶跃电位的时间-电流曲线和稳态旋转圆盘电极极化曲线上都表现出哪些奇特的性质?

参考文献

实验二十一　浸渍法制备 $Ni/\gamma\text{-}Al_2O_3$ 催化剂及其性能评价

实验目的

1. 掌握浸渍法制备催化剂的原理。
2. 掌握浸渍法制备催化剂的方法和基本实验操作。
3. 掌握催化剂的性能评价方法。

实验基本原理

1. 浸渍法原理。

浸渍就是将催化剂载体放进含有活性组分的溶液中浸泡的过程。浸渍法是基于活性组分含助催化剂以盐溶液形态浸渍到多孔载体上并依靠毛细管压力使液体渗透到载体空隙内部而形成高效催化剂的原理。方法是,浸泡一段时间后,将浸泡过的载体取出,经过干燥、煅烧、活化等步骤,最后得到催化剂产品。浸渍法广泛用于制备负载型催化剂,尤其是负载型金属催化剂。

2. 浸渍原料的选择。

浸渍必须有两种原料:一是载体,二是浸渍液。

（1）载体:市面上有各种载体供应,可以用已成型的载体,省去催化剂成型步骤,而且载体种类很多,物理结构清楚,可根据需要选择合适的载体。浸渍前载体的孔结构和比表面积与浸渍催化剂的孔结构、比表面积有一定的关系,一般浸渍前载体的比表面积稍大,这样,可以保证浸渍后催化剂的表面和孔结构的需要。本实验选择 $\gamma\text{-}Al_2O_3$ 为载体。

对载体的要求:① 机械强度高;② 载体为惰性,与浸渍液不发生化学反应;③ 合适的颗粒形状与尺寸,适宜的比表面积、孔结构等;④ 足够的吸水性;⑤ 耐热性好;⑥ 不含催化剂毒物和导致副反应发生的物质;⑦ 原料易得,制备简单,无污染。

（2）浸渍液:活性组分一般选择金属的易溶盐,如硝酸盐、铵盐、有机酸盐（乙酸盐、乳酸盐）等。

浸渍液浓度利用公式(4-21-1)计算得出

$$a = \frac{V_p\rho}{1+V_p\rho} \times 100\%　　　　　　　　(4\text{-}21\text{-}1)$$

式中 a 为催化剂中活性组分含量（以氧化物计）;V_p 为载体比孔容,$mL \cdot g^{-1}$;ρ 为浸渍液浓度（以氧化物计),g·mL^{-1}。

如浸渍液浓度过高,则会导致活性组分在孔内分布不均匀,易得到较粗的金属颗粒且粒径分布不均匀。如浸渍液浓度过低,则一次浸渍达不到要求,必须多次浸渍,费时费力。因此需要选择适当浓度的浸渍液,最佳方法为等体积浸渍法。等体积浸渍法:预先测定载体吸入溶液的能力,然后加入正好使载体完全浸渍所需的溶液量。本实验采用该法制备催化剂。

仪器及试剂

1. 仪器:电子天平;箱式电阻炉;磁力搅拌器;烘箱;电炉温度控制器;手动液压型压片机;固定床反应器;气相色谱仪;高纯氢发生器;空气压缩机;FID 放大器;双柱塞微量泵;量筒;烧杯;坩埚;标准筛。

2. 试剂:氧化铝(γ-Al$_2$O$_3$);硝酸镍(NiNO$_3$);正庚烷(C$_6$H$_6$);高纯 H$_2$(99.999%);高纯 N$_2$(99.999%)。

实验步骤

1. 催化剂的制备。

(1) 载体吸入溶液的能力测定:向 1 g 催化剂载体 γ-Al$_2$O$_3$ 中逐滴缓慢滴加去离子水,滴至载体表面有微量水析出为止,记录滴加的去离子水体积 V,该体积即为载体 γ-Al$_2$O$_3$ 吸入溶液的能力(单位:mL·g^{-1})。

(2) 浸渍液的配置:以制备 2 g 的含 Ni 质量分数为 5%的 Ni/γ-Al$_2$O$_3$ 催化剂为例:首先计算所需硝酸镍的质量,计算公式为:$m[\text{Ni}(\text{NO}_3)_2] = (2 \times 5\%/58.69) \times [58.69 + (14+16 \times 3) \times 2]$,其中 Ni 的相对原子质量为 58.69,公式中其他数据请自行分析。根据计算所得数值称取相应质量的硝酸镍,按照载体吸入溶液的能力量取所需去离子水的体积 $2 \times (1-0.05)V$,配置浸渍液。按照上述方法配置不同 Ni 含量(5%、7%、10%)的浸渍液。

(3) 浸渍:称取所需质量的 γ-Al$_2$O$_3$ 载体溶于硝酸镍的水溶液中,搅拌均匀后静置浸渍 12~18 h。

(4) 干燥:在浸渍反应结束之后将样品放在烘箱中,110 ℃干燥 12 h。

(5) 焙烧:将干燥后的样品以 2 ℃·min^{-1} 的速率程序升温到 400 ℃,并在 400 ℃下焙烧 5 h 待恢复至常温后研磨粉碎。

(6) 将制得的样品进行压片、粉碎、筛分,得到 60~80 目颗粒备用。

2. 催化剂的性能测试。

正庚烷异构化反应在自组装不锈钢固定床反应器的反应管中进行,反应管的内径通常为 6 mm。具体实验步骤为:首先进行样品的填装,按顺序依次将石棉网、支撑杆、石棉网、石英砂、催化剂、石英砂放入反应管中,催化剂取 0.2 g,石英砂取适量即可,之后再将反应管装入固定床反应器中。在氢气流中进行反应,反应装置以 2 ℃·min^{-1} 的升温速率升至一定温度进行还原反应,然后将催化剂在设定的反应温度中与通过双柱塞微量泵通入的正庚烷进行反应,反应性能评价中,反应稳定 30 min 后即可取样进行分析,反应产物在气相色谱仪上进行分析,以氮气作为载气及保护气,柱前压 0.14 MPa,毛细进样温度为 150 ℃,检测器温度为 200 ℃,将柱温设置为 70 ℃。

实验数据处理

1. 计算烷烃异构反应中正庚烷的转化率和异庚烷的选择性。
2. 绘制金属镍含量与烷烃异构活性的关系图,并解释。

思考题

1. 将所需硝酸镍的质量的计算公式归纳为一般普遍适用公式。
2. 除浸渍法外,催化剂的制备方法还有哪些? 举出两个实例,并对比各种制备方法的优缺点。

参考文献

第五部分

材料化学

实验二十二　不锈钢腐蚀行为及影响因素的综合评价

实验目的

金属是重要的基础材料。在金属材料中，不锈钢以其优良的机械性能和特有的耐蚀性能被广泛地应用于工业、农业、国防装备及日常生活用品和装饰材料等各个领域。不锈钢的腐蚀成为令人关注的研究课题。评价不锈钢的耐蚀性能、考察不锈钢腐蚀的影响因素、探明不锈钢的腐蚀机理是不锈钢腐蚀行为研究的重要部分。它为耐蚀钢种的研制、不锈钢耐蚀性能的评价，以及特定使用环境下不锈钢材料的选择提供实验和理论依据。

本实验通过不锈钢在其给定介质中线性极化电阻的测量、阳极钝化曲线的测量、交流阻抗谱图的测量和腐蚀介质中阴离子含量的测量，综合评价不锈钢的耐蚀能力及腐蚀过程的控制因素，考察材料组分、介质条件、电极电位等因素对不锈钢腐蚀行为的影响，使学生较全面地掌握研究合金材料腐蚀特性的各种电化学技术，提高应用专业知识综合分析的能力。

实验基本原理

线性极化法以其灵敏、快速、无损等特点成为测量金属腐蚀速度的常用方法。根据斯特恩（Stern）和盖里（Geary）的理论推导，对于活化控制的稳定腐蚀体系，当自腐电位分别远离阴极反应和阳极反应的平衡电位时，在电极的自腐电位附近处（约 ±10mV）进行极化，电极电位的变化 ΔU 和外电流的变化 $\Delta I_{外}$ 成正比；此时 ΔU 和 ΔI 的比值称为线性极化电阻 R_p，R_p 与自腐蚀电流密度 J_{corr} 之间存在如下关系：

$$R_p = \frac{\Delta U}{\Delta I} = \frac{b_a \cdot b_c}{2.3(b_a + b_c)} \cdot \frac{1}{J_{corr}} \tag{5-22-1}$$

式中 R_p 为线性极化电阻，Ω；ΔU 为极化电位，V；J_{corr} 为金属的自腐电流密度，$A \cdot cm^{-2}$；b_a、b_c 分别为阴、阳极的塔菲尔常数。

对一定的腐蚀体系，b_a、b_c 为常数，而 $K = \dfrac{b_a \cdot b_c}{2.3(b_a + b_c)}$ 也为常数，则式（5-22-1）可简化为

$$R_p = \frac{\Delta U}{\Delta I} = \frac{K}{J_{corr}} \quad 或 \quad J_{corr} = \frac{K}{R_p} \tag{5-22-2}$$

显然评价不锈钢腐蚀速率大小的自腐蚀电流密度 J_{corr} 和线性极化电阻 R_p 成反比。测量不锈钢在不同介质中的 R_p 值，可以分析介质对不锈钢腐蚀速率的影响。

一些较活泼的金属在某些特定介质环境和电位区间内,失去原来的化学性,变为惰性状态,这一异常现象称为钝化。不锈钢、铝、钛等金属具有很强的钝化能力。应用控电位极化法测定金属在腐蚀介质中的阳极钝化曲线,是评价金属钝化行为和耐蚀性能的一种常规方法。例如,对被测量的不锈钢进行控电位阳极极化,测量电流密度随电位变化的函数关系 $J=f(U)$,可得图 5-22-1。由图可见,整个曲线分为四个区,AB 段为活性溶解区,在此区不锈钢阳极溶解电流密度随电位的正移而增大,一般服从半对数关系。随着不锈钢的溶解,腐蚀产物的生成在不锈钢表面形成保护膜。BC 段为过渡区,电位和电流密度出现负斜率的关系,即随着保护膜的形成,不

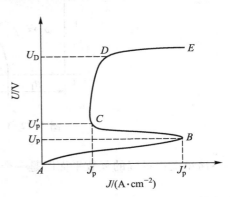

锈钢的阳极溶解电流密度急速下降。CD 段为钝化区,在此区不锈钢处于稳定的钝化状态,电流密度随电位的变化很小。DE 段为过钝化区,此时不锈钢的阳极溶解重新随电位的正移而增大,不锈钢在介质中形成更高价的可溶性氧化物。钝化曲线给出几个特征的电位和电流密度为评价不锈钢在腐蚀介质中的耐腐蚀行为提供了重要的实验参数。图 5-22-1 中 U_p 称为致钝电位,U'_p 称为维钝电位,U'_p、U_p 越负,不锈钢越容易进入钝化区。U_D 称为破裂电位,U_D 越正,表明不锈钢的钝化膜越不容易破裂。U'_p—U_D 称为钝化范围,该范围越宽,表明不锈钢的钝化能力越强。致钝电流密度 J'_p 和维钝电流密度 J_p 越小,说明不锈钢的钝化膜越致密,其钝化能力越强。

图 5-22-1 不锈钢的阳极钝化曲线

当不锈钢在 0.25 mol·L^{-1} 硫酸中的腐蚀体系满足稳定、线性、因果的条件时,可用图 5-22-2 所示的等效电路模型表示其电极反应的动力学过程。

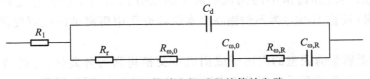

图 5-22-2 简单电极过程的等效电路

图 5-22-2 中 R_1 和 C_d 分别表示溶液电阻和电极表面双电层电容。R_r 为电极表面电化学反应电阻;$R_{\omega,0}$ 和 $C_{\omega,0}$ 是氧化态反应物质 0 浓差极化的电阻和电容;$R_{\omega,R}$ 和 $C_{\omega,R}$ 是还原态反应物质 R 浓差极化的电阻和电容。忽略浓差极化的影响,在平衡电位附近施加一个小幅度频率为 ω 的正弦电压扰动,电极反应的法拉第阻抗与电路中各元件参数值间的关系为

$$Z = R_1 + \cfrac{1}{j\omega C_d + \cfrac{1}{R_r}} = R_1 + \frac{R_r}{j\omega C_d R_r + 1} \tag{5-22-3}$$

令 $a = \omega R_r C_d$,则上式可表达为

$$Z = R_1 + \frac{R_r(1-ja)}{1+a^2} = R_1 + \frac{R_r}{1+a^2} - j\frac{aR_r}{1+a^2} \tag{5-22-4}$$

把阻抗 Z 的实部和虚部分别用 x 和 y 表示,则阻抗的实部 x 与虚部 y 的关系式为

$$\left(x-R_1-\frac{1}{2}R_r\right)^2+y^2=\left(\frac{1}{2}R_r\right)^2 \tag{5-22-5}$$

改变扰动电位频率 ω,可得腐蚀体系的复数平面(Nyquist)图,如图 5-22-3。

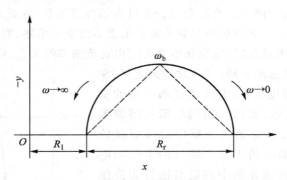

图 5-22-3　简单电极反应阻抗复数平面图

简单电极过程的复数平面图是一个圆心在 $\left(R_1+\frac{1}{2}R_r,0\right)$,半径为 $\frac{1}{2}R_r$ 的半圆。ω_b 为半圆顶点处的频率。在 $\omega\rightarrow\infty$ 处 $x=R_1$,在 $\omega\rightarrow0$ 处 $x=R_1+R_r$,通过半圆顶点可得 $C_d=\dfrac{1}{\omega_bR_r}$。从复数平面图可以方便地求出简单电极反应等效电路的溶液电阻 R_1,电化学反应电阻 R_r 和双电层电容 C_d。

通过对体系施加小幅度正弦电位干扰,测量其阻抗的 Nyquist 图或 Bode 图,结合其他方法,确定腐蚀体系的等效电路图,推算其各等效元件参数值大小,从而获得电极表面状态、电极过程动力学的信息,这种方法称为交流阻抗法。

分析检测腐蚀介质(如海水中的无机阴离子的成分),有助于研究介质对不锈钢腐蚀的影响。高效离子色谱(简称 HPIC)为不锈钢在海水腐蚀介质中阴离子的检测提供了简便、快速、准确的方法。

HPIC 是采用低容量薄壳型的阳离子或阴离子交换树脂为分离柱,当流动相(淋洗液)将样品带入分离柱时,由于各种离子对离子交换树脂的相对亲和力不同,样品在分离柱上分离成不连续的谱带,并依次被洗脱。洗脱下来的各种离子又被流动相带入抑制柱,在抑制柱内流动相的背景电导被抑制,被测离子的样品的电导被提高。被抑制了背景电导的流动相最后将离子样品带入通用、灵敏的电导检测器被检测。有关 HPIC 各部件的原理、功能,可以参考有关参考书及文献。

仪器及试剂

1. 仪器:恒电位/恒电流仪;5210 型锁相放大器(EG&G Instruments);恒电位仪;离子色谱仪。
2. 试剂:硫酸(H_2SO_4);氯化钠(NaCl);碳酸钠(Na_2CO_3);碳酸氢钠($NaHCO_3$);硫酸钠(Na_2SO_4);硝酸钠($NaNO_3$),以上均为分析纯;二次蒸馏水;430、304 不锈钢(面积为 $1cm^2$)。

实验步骤

一、 线性极化法分析腐蚀介质对不锈钢腐蚀速率的影响

1. 电解槽系统的装置(以 430、304 不锈钢为工作电极,饱和甘汞电极为参比电极,铂电极为辅助电极,组成三电极系统)。

2. 电极的前处理(将被测电极经 $3^{\#}\sim5^{\#}$ 金相砂纸抛光,并用酒精或丙酮除油污,用蒸馏水洗净备用)。

3. 应用 M263A 型恒电位仪和 352 型腐蚀测量系统测量 430 不锈钢在 0.25 mol·L^{-1} 硫酸中的 R_p 值。

4. 应用 M263A 型恒电位仪和 352 型腐蚀测量系统测量 430 不锈钢在含 Cl^- 的 0.25 mol·L^{-1} 硫酸中的 R_p 值。

5. 应用 M263A 型恒电位仪和 352 型腐蚀测量系统测量 430 不锈钢在含 NO_3^- 的 0.25 mol·L^{-1} 硫酸中的 R_p 值。

6. 数据整理。

二、 430、304 不锈钢在 0.25 mol·L^{-1} 的硫酸中阳极钝化曲线的测量

1. 电解槽系统的装置及测量电极的前处理同实验步骤一。

2. 电位扫描速度、范围、电位测量量程的选择。

3. 应用 8511B 型恒电位仪和 386 型 X-Y 记录仪绘制 430、304 不锈钢在 0.25 mol·L^{-1} 硫酸中的阳极钝化曲线。

4. 整理实验数据,比较 430、304 不锈钢在 0.25 mol·L^{-1} 硫酸中的耐蚀性能。

三、 交流阻抗法分析 304 不锈钢在 0.25 mol·L^{-1} 硫酸中腐蚀过程的等效电路及控制因素

1. 测量电解槽系统的装置及测量电极的前处理同实验步骤一。

2. 应用 M263A 型恒电位仪、5210 型锁相放大器和 power suite 软件测量 304 不锈钢在 0.25 mol·L^{-1} 硫酸中在自腐蚀电位下的 Nyquist 图和 Bode 图。

3. 改变直流电平重复上步实验。

四、 离子色谱法分析不锈钢在腐蚀介质中的无机阴离子

1. 淋洗液的配制:用 Na_2CO_3(分析纯)、$NaHCO_3$(分析纯)和二次蒸馏水配制(2.4 mol·L^{-1} Na_2CO_3 溶液+3.0 mol·L^{-1} $NaHCO_3$ 溶液)作为淋洗液。

2. 标准溶液的配制:用 NaCl(分析纯)和二次蒸馏水配制 Cl^- 的标准溶液。

3. 将实验步骤一中含 Cl^- 的腐蚀液稀释 1000 倍。

4. 应用离子色谱法测量腐蚀介质中 Cl^- 和 SO_4^{2-} 的含量。

5. 数据处理。

实验说明

1. 线性极化法要注意线性极化范围的选择：$\Delta U \leqslant \pm 10$ mV。
2. 认真做好测量电极的前处理。
3. 恒电位电流量程的选择由大到小。
4. 交流阻抗法中所选定的正弦波幅度要小于 10 mV。
5. 离子色谱法样品中若有悬浮物，勿进样。
6. 正确操作仪器，防止系统中气泡的产生。
7. 平流泵的超压警报应小于 60 MPa。
8. 进样阀的快速切换，防止阻断。

思考题

1. 试讨论不锈钢的钝化曲线给出了哪些电位、电流参数可供评价不锈钢在给定介质中的耐腐蚀能力。哪种不锈钢在 0.25 mol · L^{-1} 硫酸中较为耐蚀？为什么？
2. 线性极化法的基本原理是什么？线性极化法有何局限性？
3. 在绘制 Nyquist 图和 Bode 图时为什么所加正弦波信号的幅度要小于 10 mV？
4. 在实际测量系统中绘制 Nyquist 图为什么往往得不到理想的半圆，绘制 Bode 图为什么往往得不到高频和低频区的两个平台段？
5. 简述离子色谱仪中分离柱和抑制柱的功能。
6. 为什么电导检测是通用的检测器？
7. 如何在 SO_4^{2-} 含量高的腐蚀介质中检测 Cl^-？

参考文献

实验二十三　塑料电镀实验

实验目的

1. 了解塑料电镀的基本原理。
2. 了解塑料电镀的工艺过程及工艺条件对镀层质量的影响。

实验基本原理

绝大部分塑料都是绝缘体,不能在塑料上进行电镀;若要电镀,必须对塑料制件的表面进行金属化处理,即在不通电的情况下给塑料制件表面涂上一层导电的金属薄膜,使其具有一定的导电能力,然后再进行电镀。塑料制件金属化的方法很多,如真空镀膜、金属喷镀、阴极溅射、化学沉淀等。这些方法中行之有效的是化学沉淀法,因而它在化学工业生产中得到广泛应用。

利用化学沉积法进行塑料电镀的现行工艺通常由下列各步组成:

塑料制件的准备—除油—粗化—敏化—活化—化学镀—电镀—成品检验

1. 除油。

塑料制件表面除油的目的在于使表面能很快地被水浸润,为化学粗化做好准备。除油的方法有有机溶剂除油、碱性化学除油和酸性化学除油等,本实验采用碱性化学除油法。

2. 粗化。

塑料件粗化处理目的在于在塑料表面造成凹坑、微孔等均匀的微观粗糙状况,以保证金属镀层与塑料表面具有较好的结合力。粗化的方法有两种:即机械粗化和化学粗化。由于机械粗化有一定的局限性而很少使用,通常都采用化学粗化。如对 ABS 塑料,化学粗化处理一般用硫酸和铬酸的混合溶液来侵蚀,使塑料表面的丁二烯珠状体溶解,留下凹坑,形成微观粗糙,同时还增加了表面积,通过红外光谱检测,还发现化学粗化过的表面存在着活性基团如—COOH、—CHO、—OH 等,这些基团的存在也会增加镀层与基体的结合力。

3. 敏化。

敏化就是在经粗化后的塑料表面上吸附上一层容易被还原的物质,以便在下一道活化处理时通过还原反应,使塑料表面附着一层金属薄层。最常用的敏化剂是氯化亚锡,现在认为敏化过程的机理是当塑料制品经敏化处理后,表面吸附了一层敏化液,再放入水洗槽时,由于清洗水的 pH 高于敏化液而使 2 价锡发生水解作用。

$$SnCl_2 + H_2O \longrightarrow Sn(OH)Cl + HCl$$

$$SnCl_2 + 2H_2O \longrightarrow Sn(OH)_2 + 2HCl$$

$$Sn(OH)Cl + Sn(OH)_2 \longrightarrow Sn_2(OH)_3Cl$$

$Sn_2(OH)_3Cl$ 是一种微溶于水的凝胶物质,会沉积在塑料表面,形成一层几十埃到几千埃的凝胶物质。

4. 活化。

活化处理就是在塑料表面上产生一层具有催化活性的贵金属,如金、银、钯等,以便加快后面要进行的化学沉积速度。活化好坏决定化学镀的成败。活化的原理是让敏化处理时塑料表面吸附的还原剂从活化液中还原出一层贵金属来。最常用的活化液是硝酸银溶液。当敏化过的工件浸入硝酸银溶液时,发生反应如下:

$$Sn^{2+} + 2Ag^+ \longrightarrow Sn^{4+} + 2Ag\downarrow$$

5. 化学镀。

化学镀是利用化学还原的方法在工件表面催化膜上沉积一层金属,使原来不导电的塑料表面沉积薄薄的一层导电的铜或镍层,便于随后进行电镀各种金属。化学镀是塑料电镀前处理的一道关键工序,切不可疏忽大意。常用的化学镀铜的方法是,在硫酸铜溶液中加入碱,生成氢氧化铜:

$$CuSO_4 + 2NaOH \longrightarrow Cu(OH)_2\downarrow + Na_2SO_4$$

当溶液中同时存在酒石酸钾钠时,则会生成酒石酸铜配合物:

$$Cu(OH)_2 + NaKC_4H_4O_6 \longrightarrow NaKCuC_4H_2O_6 + 2H_2O$$

在溶液中加入甲醛后,铜的配合物被还原分解生成氧化亚铜:

$$2NaKCuC_4H_2O_6 + HCHO + NaOH + H_2O \longrightarrow Cu_2O + 2NaKC_4H_4O_6 + HCOONa$$

然后工件上的催化银膜进一步使氧化亚铜或络离子中的 2 价铜离子直接还原为铜,逐步形成覆盖工件表面的铜层:

$$NaKCuC_4H_2O_6 + HCHO + NaOH \xrightarrow{Ag} Cu + HCOONa + NaKC_4H_4O_6$$

当塑料表面形成了一层有一定厚度的紧密的化学镀金属层后,就可以像金属电镀一样,在它们上面进行常规的电镀处理了。

由上述讨论可见,塑料电镀的工艺过程是比较复杂的,而且每一步的处理都影响镀层的质量,在实验中必须严格按照规定的工艺条件操作,对每一步的工艺条件,人们都做了大量研究,也有不同的方案,这里不一一述及。

最后还要说明的是,不是所有塑料都能进行电镀,目前可镀的有 ABS、聚矾类、聚丙烯、聚酰胺、聚甲醛、聚苯乙烯、聚乙烯等。最常用的是 ABS。

仪器及试剂

1. 仪器:晶体管稳压电源;电炉;温度计(0~100 ℃);量筒(50 mL、10 mL);烧杯(150 mL、200 mL);放大镜;镊子;阳极磷铜板;千分卡 R。

2.试剂:

(1)化学除油液:磷酸三钠溶液 20 g·L^{-1};碳酸钠溶液 15 g·L^{-1};洗衣粉 5 g·L^{-1}。

(2)化学粗化液:重铬酸钾溶液 120 g·L^{-1};硫酸 500 g·L^{-1};Al^{3+} 10 mg·L^{-1}。

(3)敏化液:氯化亚锡溶液 10 g·L^{-1};盐酸 50 mg·L^{-1};锡条一根。

(4)活化液:硝酸银溶液 15 g·L^{-1};氨水 7 mL·L^{-1}。

(5)化学镀铜液:酒石酸钾钠溶液 43 g·L^{-1};氢氧化钠溶液 10 g·L^{-1};硫酸铜溶液 10 g·L^{-1};甲醛(40%)100 mL·L^{-1}(化学镀前临时加入)。

(6)酸性光亮镀铜液:$CuSO_4$·$5H_2O$ 溶液 200 g·L^{-1};硫酸($d = 1.84$)60 g·L^{-1};盐酸 50 mg·L^{-1};KG-1 光亮剂 3~5 mL·L^{-1}。

实验步骤

1.按上述配方配制好所需的各种溶液各 100 mL(实验室已配好的则可直接取用)。

2.取一工程塑料制品,测量面积后放在化学除油液中在 35 ℃下浸泡 30 min,取出洗净后,放入 70 ℃的粗化液中粗化 70 min。工作取出后,再用放大镜观察粗化效果良好后,用水洗净,水挂水珠,放入常温的敏化液中敏化 5 min,取出用热水洗 10 min 以上,洗净后放入活化液中在室温下活化 10 min。工作漂洗干净后放入化学镀铜液中在 25~30 ℃下处理至化学镀层完好,取出漂洗干净后,用图 5-23-1 所示的装置镀酸性光亮铜。电镀时应让镀件带电下槽,在室温下,电流密度用 3 A·dm^{-2}左右。当镀件光亮,镀层达一定厚度后(约 20 min),取出镀件,洗清后放入钝化液中钝化几秒钟后,洗净即可。

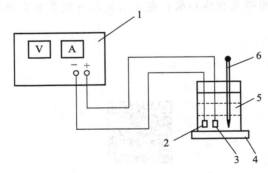

图 5-23-1 酸性光亮镀铜装置图

1—稳压电源;2—镀件;3—磷铜阳极;4—加热与搅拌装置;5—烧杯;6—温度计

注意:

(1)每一步完成后必须用自来水、蒸馏水漂洗干净,以免将污物带入下一步的溶液中而影响质量。

(2)粗化开始以后的各步中,必须不断翻动工件并搅拌溶液才能得到好的结果。

3.镀层质量检验。

(1)外观质量检验:对装饰性镀件,应由供需双方协商制定一个具体的外观质量标准。一般包括:尺寸和形状变化应符合图纸上规定的技术要求;镀层颜色、光洁度应均匀一致;不允许镀层有针孔、起泡、脱皮、龟裂和烧焦等现象;不允许镀件的表面有未洗净的各种盐类痕迹等。一般在光照下用肉眼检查。本实验也按上述几点检查镀件的外观质量。

(2)镀层厚度检验:对于不同用途的镀件,对镀层厚度要求不同,按电子工业部标准化研究所的规定,一般化学镀层厚度要求 0.2 μm,光亮酸性铜层要求 20~25 μm。

检验方法有溶解法、重量法和直接测量法。本实验采用直接测量法,在工件上选择一合适位置,用千分卡尺测量镀前后的厚度变化计算镀层厚度。

(3)剥离强度:对装饰性电镀,一般要求 0.35~0.5 kg·cm^{-1},美国 ASTMB533—70 规定了具体测定方法。

(4)冷热循环试验:冷热循环试验的目的是定性评价镀层的结合力。测试是基于塑料的热胀系数比金属镀层相差 6~7 倍,因而温度的任何变化将会在金属和塑料界面上产生应力,当镀层结合力弱时就会遭到破坏。现行的冷热循环试验有多种不同的方法,如电子工业部提出的方法、德国塑料电镀工作者协会提出的方法。本实验采用国内工厂中常用的一种快速检验法:让电镀塑料在 100 ℃开水中煮沸 20~25 min,然后放入 0~5 ℃的冷水浴中保持 3 min,要求中间转换的时间不超过 1 min。经一个循环后若镀层无起泡、脱层等现象则视为合格。

思考题

1. 为什么要进行化学粗化? 如何掌握粗化的程度?
2. 配制化学镀铜液时,甲醛为什么要在镀前临时加入?
3. 电镀铜时为什么要用磷铜板作阳极? 电流密度对电镀质量有何影响?

参考文献

实验二十四 铕掺杂锡酸钡荧光材料的
合成和发射光谱的测定

实验目的

1. 掌握湿法沉淀合成稀土发光材料的一般方法。
2. 掌握测定荧光材料发射光谱的实验方法和计算方法。

实验基本原理

发光是物体内部以某种方式吸收能量,然后转化为光辐射的过程。发光技术近年来得到广泛的应用。就以固体发光为例,它可用于各种形式的光源、显示和显像技术、光电子器件、辐射场的探测及辐射剂量的记录等。

比较重要的无机发光材料有 II—IV 族和 III—V 族化合物,碱土金属的硫化物、氧化物及硫氧化物,硅酸盐,磷酸盐,钒酸盐,硼酸盐,锡酸盐,碱金属的卤化物、氟化物,锗酸盐,铝酸盐等。

本实验所合成的铕掺杂的锡酸钡,是最新研制的一种稀土发光材料,用紫外光激发,可制作彩色荧光灯,用阴极射线(电子束)激发,可用于显示技术,在 X 射线激发下,随电压变化,其亮度有明显变化,显示出了一定的应用前景。

通常,纯化合物是不易被激发而发光的,但在纯化合物中掺入某些杂质就能使发光强度大大增加。例如,纯 $BaSnO_3$ 和 Ba_2SnO_4 不会发光,但掺入千分之几的铕,在紫外光激发下就能发出鲜艳的橘红色的荧光。这种纯化合物称为基质。能使发光亮度大大增加的杂质称为激活剂,它是发光中心的最重要的组成部分。通常称这种发光材料为锡酸钡铕($BaSnO_3$：Eu 或 Ba_2SnO_4：Eu)。前面的化合物为基质,后面的元素表示激活剂。一种发光材料有时也可以同时含有两种激活剂。这种发光材料的发光机理是:① 阴极射线首先使基质 $BaSnO_3$ 或 Ba_2SnO_4 激发;② 被激发的物质把能量传递给 Eu^{3+} 的基态 $^7F_0$,使它跃迁到激发态 $^5D_1$ 和 $^5D_0$;③ $^5D_1$ 和 $^5D_0$ 跃迁到 ^7F_J ($J=0,1,2,3,4,5$)发出波长范围在 $530\sim710\ nm$ 的各种线状荧光,但各有不同的相对强度,综合起来显示红光。作为荧光材料,有一些杂质会严重损害材料的发光性能,使发光亮度降低,这类杂质叫猝灭剂或毒化剂,如重金属 Fe、Co、Ni 就是这类杂质的典型代表。

发光材料的化学组成、晶体结构对发光性能的影响很大,而制备过程常直接影响组成和结

构。虽然不同的发光材料,其制备方法多种多样,但制备的基本过程仍有其共同的规律。现简述如下:

1. 原料的提纯。

要获得发光性能良好的材料,首先要求原料纯度比较高。含量极低的猝灭杂质往往使发光性能发生明显的变化。因此发光材料的基质原料必须经过提纯处理。提纯原料的方法很多,利用络合能力差别为基础的络合吸附色谱法能将许多原料中的金属杂质除去。此法操作方便、效果良好。如 8-羟基喹啉-活性炭络合吸附色谱,能与 Fe、Co、Ni、Pb、Cu 等生成比稀土元素稳定得多并难溶于水的配合物而被活性炭吸附。用这种方法提纯,可使其中重金属杂质的含量下降:Cu 含量 $<0.5\times10^{-6}$ g · L^{-1};Co、Pb 含量 $<0.2\times10^{-6}$ g · L^{-1},Ni 含量 $<1\times10^{-6}$ g · L^{-1}。

发光材料的制备属于高纯物质制备范畴,除了要求比较纯的原料外,对溶剂的纯度、器皿的清洁程度和操作的环境都有比较高的要求。如制备发光材料所用的器皿,除了用洗涤剂洗去器皿表面的油污外,还须在体积比为 1∶1 的硝酸中浸泡 4 h 以上。必要时,还需要在氨性 EDTA 溶液中浸泡,然后用水仔细冲洗干净。

在制备过程中,从原料溶解、稀释、提纯、沉淀到最后的洗涤,都要用大量的水。水中的有害杂质必然会直接影响产物的发光性能。制备过程中所用的水均用离子交换树脂提纯过,即"去离子水"。水纯度的指标为水中含盐量的大小。因为水中含盐量的测定比较复杂,通常用水的电阻率来间接表示水的纯度。水越纯,电阻率则越大。在 25 ℃时离子交换水的电阻率至少不应小于 1×10^{6} Ω · cm。

对于实验室的卫生条件也应有基本的要求:墙壁和地面均应油漆过,便于清洗积尘。进室前应当换鞋或用湿的布垫擦净鞋底的灰尘。操作时应注意防止灰尘玷污样品。

2. 配料。

发光材料必须在高温焙烧下制成。配料就是配制焙烧用的炉料。炉料组成除了基质和激活剂以外,往往加入助熔剂、还原剂等辅助性原料。加入助熔剂的目的是用来降低焙烧温度,使激活剂容易进入基质以及控制荧光粉粒度的大小。本实验所用的原料是 $SnCl_2$、$BaCl_2$、$EuCl_3$,用草酸铵溶液使其共沉淀,且能够形成混合均匀的草酸盐沉淀,即为焙烧用的炉料(可考虑添加某种助溶剂,降低焙烧炉温,原文献中未曾涉及)。

3. 焙烧。

焙烧的主要作用是使基质组分间发生化学反应或相互扩散而形成固溶体,基质形成一定的晶体结构,使激活剂进入基质,并处于基质晶格的间隙中或置换晶格点上。由于不发光的炉料在一定气氛和温度下焙烧后变为发光材料,因此焙烧是形成发光中心的关键步骤,并需要确定最佳的焙烧温度和时间。

4. 后处理。

后处理包括选粉、洗粉和过筛等步骤。在焙烧过程中,有时为了防止反应物氧化,往往在炉料上面覆盖一层基质或废粉。焙烧后应该在 254 nm 或 365 nm 紫外光下,将这些覆盖层或受器皿污染而发光亮度较低的荧光粉去掉,这就是选粉。选粉后还要用适当的溶剂洗去助溶剂以及未进入晶格的离子和其他杂质。

发光材料及器件的主要发光性能为:发光亮度、发光效率、发射光谱和发光的余辉。现将其中发射光谱的测定方法简述如下。

　　发光材料的发射光谱是指发光的能量(或辐射的功率)按波长或频率的分布。记录发射光谱的方法一般是使发光材料发出荧光,通过光栅单色仪进行分光。经光电倍增管接收并放大,然后用 y-x 函数记录仪记录讯号。此时记录的是不同波长光电流值 I_λ,但 I_λ 值的大小不但与荧光的强度有关,还与仪器的特性有关。因此 I_λ 还需乘以仪器的系统能量校正系数 K_λ 才能得到不同波长的相对能量 E_λ。所谓系统能量校正系数 K_λ 乃是将标准反射白板安放在待测样品位置上,用已知相对功率分布 S_λ 的色温标准灯照射标准白板,测得不同波长的光电流值 I'_λ,而 K_λ 则可由下式求得:

$$K_\lambda = \frac{S_\lambda}{I'_\lambda} \tag{5-24-1}$$

　　为了便于比较不同波长的能量值,通常以最大能量值为 1.00,算出其他能量与最大能量比较的相对值,这种方法简称归一化。以归一化以后的能量值与波长作图,就可得到发射光谱。发光材料的发射光谱不但反映了发光的颜色,而且可以通过发射光谱来研究发光的机理。例如,3 价稀土离子在晶体中的能级结构和自由离子非常相似,通过 3 价稀土离子激活的发光材料的发射光谱和稀土离子能级跃迁的计算,就可以找到发射光谱的来源。

仪器及试剂

　　1. 仪器:配位吸附色谱柱;马弗炉;水浴锅;刚玉坩埚;泡沫塑料垫数片;荧光分光光度计(附固体样品架);紫外光灯;红外光谱仪。

　　2. 试剂:盐酸(HCl);氯化亚锡($SnCl_2$);氯化钡($BaCl_2$);三氧化二铕(Eu_2O_3);草酸铵((NH_4)$_2C_2O_4$);硝酸(HNO_3);8-羟基喹啉;活性炭;$SnCl_2$ 溶液(1 mol·L^{-1});$BaCl_2$ 溶液(1 mol·L^{-1});$EuCl_3$ 溶液(0.1 mol·L^{-1})。

实验步骤

　　1. 提纯 $EuCl_3$ 溶液。

　　用 8-羟基喹啉-活性炭配位吸附色谱法提纯 $EuCl_3$,配位吸附色谱法提纯装置如图 5-24-1 所示。在配位吸附色谱柱中,从下向上依次装入泡沫塑料垫、20 g 活性炭与 2 g8-羟基喹啉的混合物、泡沫塑料垫、10 g 活性炭、泡沫塑料垫。注意针状的 8-羟基喹啉与活性炭混合以前,应在研钵中轻轻研碎,配位吸附色谱柱装好后,先由下部慢慢注入去离子水,待水超过活性炭顶部后,停止注水,静置数分钟,将柱中的水放出,再将配位吸附色谱柱与装 $EuCl_3$ 溶液的大瓶相连,并使 $EuCl_3$ 溶液通过色谱柱,以除去溶液中重金属杂质,溶液的流速为 5 mL·min^{-1},用塑料瓶收集提纯的 $EuCl_3$ 溶液,供合成用。

2. 合成前驱物。

（1）按 $n(\text{BaCl}_2):n(\text{SnCl}_2)=1:1$ 和 $2:1$ 的比例分别取适量溶液放入两个 250 mL 烧杯,再按将生成 BaSnO_3 和 Ba_2SnO_4 的物质质量的千分之五分别向两个烧杯加入适量的 $0.1\ \text{mol}\cdot\text{L}^{-1}$ 提纯过的 EuCl_3 溶液,把两个烧杯中的混合物溶液置于 70~80 ℃水浴上加热。

（2）配制 60 mL 1 $\text{mol}\cdot\text{L}^{-1}$ 的 $(\text{NH}_4)_2\text{C}_2\text{O}_4$ 水溶液,如果室温不能完全溶解,可温热使其全溶。

（3）用滴液漏斗向上述混合液中缓缓滴入温热的 1 $\text{mol}\cdot\text{L}^{-1}$ 的 $(\text{NH}_4)_2\text{C}_2\text{O}_4$ 水溶液,并不断搅拌,待沉淀完全后陈化 1 h,滤出晶体,在 100 ℃烘箱中烘干,在玛瑙研钵中研细,装入刚玉坩埚中。

3. 制备发光材料。

把盛放草酸盐晶体的坩埚先放入 850~1 000 ℃的马弗炉内灼烧 1 h,然后取出、磨细,再在 1 200~1 300 ℃下焙烧 2 h。

4. 性能测试。

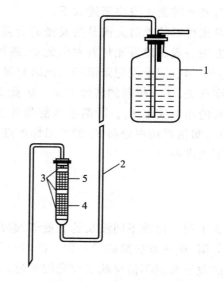

图 5-24-1　配位吸附色谱法提纯装置
1—0.1 $\text{mol}\cdot\text{L}^{-1}$ 的 EuCl_3 溶液;
2—络合吸附色谱柱;3—泡沫塑料垫;
4—8-羟基喹啉与活性炭的混合物;5—活性炭

粉晶经红外光谱可鉴定为 BaSnO_3 和 Ba_2SnO_4。在 365 nm 紫外光灯下观察粉晶的颜色呈鲜艳的橘红色。用荧光分光光度计测定其光谱。

实验结果和讨论

1. 在 365 nm 紫外光灯下比较发光性能,并记录其结果:

$\text{BaSnO}_3:\text{Eu}$: 光色　　　亮度

$\text{Ba}_2\text{SnO}_4:\text{Eu}$: 光色　　　亮度

2. 红外光谱鉴定。

3. 发射光谱分析,并计算各谱线相应的能级跃迁。

思考题

1. 湿法共沉淀制备荧光粉比火法(或干法)有何优点? 这种方法还可以用于何种材料的制备?

2. 合成荧光粉的关键步骤有哪些? (结合实验结果总结体会)

3. 如何解释同样用 Eu^{3+} 作激活剂的条件下,SnO_2 中添加少量 BaO 会增强发光亮度这一实验现象?

参考文献

实验二十五　微波辅助稻壳合成 A 型
分子筛及其表征分析

实验目的

1. 掌握微波加热的原理。
2. 掌握稻壳提取二氧化硅的方法和一些基本实验操作手段。
3. 掌握合成 A 型分子筛的方法,并用粉末 X 射线衍射法进行物相分析。

实验基本原理

从化学组成上来说,分子筛一般是含硅、铝、氧等元素的有序晶体,不溶于水,化学式为 $M_{2/n} \cdot Al_2O_3 \cdot xSiO_2 \cdot yH_2O$,其中 M 代表金属阳离子,一般为 Na^+;n 表示阳离子的化合价数值;x 代表二氧化硅分子的数目;y 代表水分子的数目。

从空间结构上来说,A 型分子筛的空间结构可以分为三个层次,如图 5-25-1 所示。分子筛的基本结构是由硅氧四面体(SiO_4)和铝氧四面体(AlO_4)相互连接而成的,四个氧原子分别在四面体的四个角通过氧桥连接,构成了四面体,硅原子、铝原子位于四面体的中心位置。这种硅氧四面体及铝氧四面体的基本结构,便是分子筛的第一个结构层次;然后,这些硅氧四面体和铝氧四面体相互直接组合,形成新的空间结构,在各个四面体之间起连接作用的是氧桥,所以根据氧原子的多少,可以划分为 n 元氧环(S_nR),这是分子筛的第二个结构层次,A 型分子筛中主要包括四元环和六元环。这些形成的氧环再相互组合,便能得到各式各样的笼式结构,从而形成具有多种拓扑结构的多面体。这些多面体中,有可以按照形状结构的不同分为 α 笼、β 笼、γ 笼、中空的笼、立方体笼(D_4R)、六角柱笼(D_6R)、八面柱笼(D_8R)等,这是分子筛的第三个结构层次。这些不同结构的笼最后相互连接才形成了结构各具特色的分子筛。A 型分子筛属于立方晶系,将 β 笼置于立方体的八个定点位置上,用四元环相连接,这样,由八个 β 笼就围成了一个 α 笼。

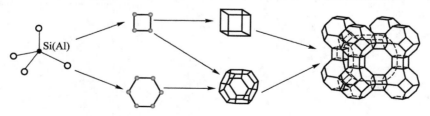

图 5-25-1　A 型分子筛的三个层次

分子筛的微波合成法发展于 20 世纪 70 年代,即利用高频的电磁波照射反应物,以促使体系中离子之间挤压、碰撞,最终得到分子筛晶体产物。在用水热合成法合成分子筛的过程中,以微波加热反应混合物体系,与普通的溶剂热晶化反应相比,优点是显而易见的:升温速度快、反应时间短、环保卫生、热效率高、节约能源等。如 NaA 分子筛,水热条件下合成需要几个小时,而微波条件下几分钟就可以得到具有良好结晶度的晶体。其他硅铝体系分子筛,如 ZSM-5 及 NaY,利用微波法也可以很好地合成,而磷铝分子筛 AlPO-5 甚至可以在没有模板剂的情况下利用微波法合成。此外微波法在分子筛的改性修饰方面也有广泛的应用。

本实验以稻壳为原料制备 A 型分子筛,实际上就是将稻壳中低品位、低成本、高丰度的硅加之有效的利用,作为分子筛合成过程中的硅源。将稻壳灰化可以得到 SiO_2 含量在 95% 以上的稻壳灰。在微波辅助的条件下,与铝源、氢氧化钠相混合就可以制备 A 型分子筛。

仪器及试剂

1. 仪器:电子天平;箱式电阻炉;磁力搅拌器;微波反应器;循环水真空泵;真空干燥箱;烧杯;量筒;玻璃棒;pH 试纸;抽滤瓶;圆底烧瓶;冷凝管;灰皿;粉碎机;标准筛子。

2. 试剂:稻壳(含 SiO_2 15%);氢氧化钠(NaOH);氢氧化铝($Al(OH)_3$)。

实验步骤

1. 稻壳预处理。

将稻壳用蒸馏水浸泡,反复冲洗 3~4 次,以除去附在稻壳表面的泥土和其他污物,将清洗后的稻壳放入干燥箱中,保持在 90 ℃下通风干燥 6 h。将干燥好的稻壳用粉碎机粉碎后,用 20~40 目的筛子进行筛分。

2. 焙烧活化。

称取筛分后的稻壳粉 3 g、氢氧化钠 4.8 g、氢氧化铝 1.947 g,充分研磨混合后置于马弗炉中焙烧,调节焙烧温度为 850 ℃及焙烧时间为 8 h,得到的产物用玛瑙研钵研成粉末。

3. 微波辅助晶化和产物的处理。

向研磨后的粉末中加入蒸馏水,在 95 ℃微波反应器中恒温晶化 1 h,晶化结束后抽滤,用蒸馏水洗涤滤渣至洗涤液 pH 不高于 10,之后将滤纸连带滤渣放入洁净的小烧杯中并转移至恒温干燥箱 80 ℃烘干 12 h,研磨后即制得 A 型分子筛。

4. 鉴定与表征。

分子筛除了其晶体结构外,结晶度也是和使用性能密切相关的表征参数,由于 X 射线衍射所测定的结晶度是在相分析的基础上进行的,因此所得的数据更为可靠,若存在经验公式时,用 X 射线衍射法测定分子筛的硅铝比是一个简便的方法。按 X 射线物相分析步骤,将产物进行粉末 X 射线结构分析,得到样品的 X 射线衍射图。将测得的 X 射线衍射图与分析筛标准 X 射线衍射图(图 5-25-2)对比,以确定晶化产物是否为 A 型分子筛及纯度。

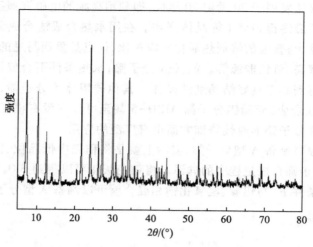

图 5-25-2　A 型分子筛标准 X 射线衍射图

实验数据处理

1. 计算实验中 A 型分子筛的原料氧化物形式的摩尔比例。
2. 根据 XRD 表征分析 A 型分子筛产物的纯度。

思考题

1. 影响 A 型分子筛合成的因素有哪些?
2. 微波辅助合成分子筛有什么优缺点? 还有哪些合成分子筛的方法?
3. 除了稻壳灰还可以采用哪些生物原料进行分子筛的合成?

参考文献

实验二十六　金属纳米粒子的制备与光学性质的测量

实验目的

1. 掌握柠檬酸盐还原法制备金纳米粒子。
2. 掌握晶种生长法制备金纳米棒。
3. 了解量子尺寸效应引起的光学性质变化与粒子形貌的关系。

实验基本原理

当金属或半导体从三维减小至零维时,载流子(电子)在各个方向上均受限,随着粒子尺寸下降到接近或小于某一值(激子玻尔半径)时,费米能级附近的电子能级由准连续能级变为分立能级的现象称为量子尺寸效应。金属或半导体纳米粒子的电子态由体相材料的连续能带过渡到分立结构的能级,表现在光学吸收谱上从没有结构的宽吸收过渡到具有结构的特征吸收。量子尺寸效应带来的能级改变、能隙变宽,使微粒的发射能量增加,光学吸收向短波长方向移动(蓝移),直观上表现为样品颜色的变化,如金粒子失去金属光泽而变为黑色,CdS 粒子由黄色逐渐变为浅黄色等。同时,纳米粒子也由于能级改变,还原及氧化能力增强,从而具有更优异的光电催化活性。

当光(电磁波)与金属纳米粒子相互作用时,金属表面的自由电子与电磁场耦合而发生共振效应(表面等离激元共振);在共振状态下,电磁场的能量被有效地转变为金属表面自由电子的集体振动能,这将产生局域场增强和热电子转移等现象。因此,金属纳米粒子在光电和催化领域应用时,将有助于提升活性材料的光电转换效率及催化性能。

本实验制备的金纳米粒子的共振吸收峰位于 520 nm 附近,金纳米棒则具有横向和纵向两个吸收峰,其中横向吸收峰与金纳米粒子的峰位基本一致,而纵向吸收峰会随着金纳米棒的纵横比而发生移动:纵横比越大,峰位越红移。合适纵横比的金纳米棒可以有效增强对红光和近红外光区域的吸收响应,在光探测、太阳电池、光电催化、生物传感等方面具有广阔的应用前景。本实验先从柠檬酸盐还原法制备金纳米粒子入手,再基于晶种生长法制备金纳米棒,通过调控表面活性剂、硝酸银、盐酸和晶种的加入量,获得不同纵横比的金纳米棒;进而比较粒子的形貌差异对其光学性质的影响。现简述如下。

1. 金纳米粒子的制备。

首先配置一定浓度的四氯金酸水溶液,加热搅拌,在沸腾条件下回流,再将少量一定浓度的还原剂柠檬酸钠水溶液快速注入上述沸腾的溶液中,继续加热,直到溶液呈酒红色,则说明金纳米粒子已形成。

2. 金纳米棒的制备。

首先制备晶种溶液。配置一定浓度的四氯金酸和十六烷基三甲基溴化铵水溶液,在快速搅拌的条件下,将冰水浴冷却的硼氢化钠水溶液加入上述混合溶液中,溶液变为黄褐色,则说明晶种溶液已形成。

接下来制备生长溶液。将十六烷基三甲基溴化铵和油酸钠这两种表面活性剂溶解于水中,加入一定浓度的硝酸银溶液,再将一定浓度的四氯金酸水溶液加入其中,待溶液变为透明后,加入一定量的盐酸调节 pH,以及一定浓度的 L-抗坏血酸。

最后将第一步制备的晶种溶液加入生长溶液中,经过 12 h 的生长,即可获得尺寸均一的金纳米棒。进一步改变表面活性剂、硝酸银、盐酸和晶种的加入量,可以调节金纳米棒的纵横比。

3. 光学性质的测量。

用紫外-可见(UV-Vis)吸收光谱表征金纳米粒子和金纳米棒的表面等离激元共振吸收峰。将制备的金纳米粒子水溶液稀释于去离子水中,再进行测量;而对于金纳米棒,首先通过离心移除溶液中大部分的表面活性剂,然后稀释于去离子水中,再进行测量。形貌表征需通过扫描电子显微镜来完成。

仪器及试剂

1. 仪器:磁力搅拌加热台;油浴锅;冷凝管;圆底烧瓶;锥形瓶;烧杯;称量瓶;磁力搅拌子;离心管;高速离心机;紫外-可见吸收光谱仪。

2. 试剂:浓盐酸(HCl,36%~38%);四氯金酸三水合物($H_7AuCl_4O_3$);十六烷基三甲基溴化铵($C_{19}H_{42}BrN$);油酸钠($C_{17}H_{33}CO_2Na$);柠檬酸钠($C_6H_5Na_3O_7$);L-抗坏血酸($C_6H_8O_6$);硝酸银($AgNO_3$);硼氢化钠($NaBH_4$)。

实验步骤

1. 配制四氯金酸水溶液。

称取 25.9 mg 的四氯金酸三水合物,置于 250 mL 圆底烧瓶中,加入 150 mL 去离子水。在搅拌条件下,加热至 130 ℃,冷水回流。实验装置如图 5-26-1 所示。

2. 柠檬酸钠还原制备金纳米粒子。

称取 45 mg 柠檬酸钠溶解于 0.9 mL 去离子水中,将其快速加入四氯金酸水溶液中,继续保持沸腾 20 min,至溶液变为酒红色,柠檬酸根离子将 Au^{3+} 还原至 Au^0,并得到金纳米粒子均匀分散的溶液。

3. 配制晶种溶液。

在 10 mL 称量瓶中,依次加入 2.5 mL、0.2 mol·L^{-1} 的十六烷基三甲基溴化铵水溶液,

2.5 mL、0.5 mmol·L⁻¹的四氯金酸水溶液,将新鲜配制的 0.3 mL、0.01 mol·L⁻¹的硼氢化钠水溶液在冰水浴条件下稀释到 0.5 mL,在剧烈搅拌条件下,快速加入上述混合溶液中,溶液变为黄褐色后停止搅拌(图 5-26-2),陈化 30 min 后备用。

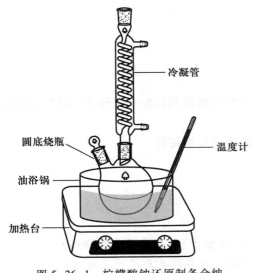

图 5-26-1　柠檬酸钠还原制备金纳
米粒子的实验装置

图 5-26-2　用于制备金
纳米棒的晶种溶液

4. 制备金纳米棒。

制备如表 5-26-1 所示的三种纵横比的金纳米棒。分别称取 0.9 g 的十六烷基三甲基溴化铵和 0.154 3 g 的油酸钠加入 100 mL 锥形瓶中,并加入 25 mL 去离子水溶解。接下来各物质的加入量依据表 5-26-1,先加入一定体积的 4 mmol·L⁻¹的硝酸银水溶液,随后加入 25 mL、1 mmol·L⁻¹的四氯金酸水溶液,静置 15 min;缓慢搅拌(700 rpm)90 min 至溶液变为无色,加入一定体积的盐酸(37%)调节体系的 pH,缓慢搅拌(400 rpm)15 min 后,加入 0.125 mL、0.064 mol·L⁻¹的 L-抗坏血酸并剧烈搅拌 30 s;最后,将少量体积的晶种溶液加入上述生长溶液中,搅拌 30 s 后静置,经过 12 h 的生长,将得到尺寸均一的金纳米棒。

表 5-26-1　三种纵横比的金纳米棒的制备条件

m(CTAB)/g	m(NaOL)/g	V(AgNO₃)/mL	V(HCl)/mL	V(Seed)/mL	平均长度/nm	平均宽度/nm
0.9	0.1543	1.8	0.21	0.04	90.0±3.0	30.1±1.1
0.9	0.1543	1.8	0.15	0.04	88.2±4.0	40.0±1.6
0.9	0.1543	2.4	0.21	0.04	92.2±4.8	22.1±1.1

缩写注释:CTAB(十六烷基三甲基溴化铵)、NaOL(油酸钠)、AgNO₃(硝酸银)、HCl(盐酸)、Seed(晶种溶液)。

5. 光学性质的测量。

将实验第二步得到的金纳米粒子水溶液稀释 50 倍,用于吸收光谱的测量。将实验第四步得到的金纳米棒,首先通过高速离心机 7000 rpm、15 min 的两次离心,移除上层清液,将离心管底部的固体重新分散于去离子水中,再稀释 50 倍,用于吸收光谱的测量。从紫外-可见吸收光谱仪中得到表面等离激元共振吸收峰的数据,比较金纳米粒子和三种不同纵横比的金纳米棒之间光学性质的变化和差异。

实验结果和讨论

1. 比较金纳米粒子、金纳米棒溶液的颜色。

2. 吸收光谱分析金纳米粒子、金纳米棒的表面等离激元共振吸收性质,并记录其峰位。重点关注粒子形貌的改变对于光学性质的影响。

3. 扫描电子显微镜确定金纳米粒子、金纳米棒的形貌特征。

思考题

1. 晶种生长法制备金纳米棒时,影响其尺寸(纵横比)变化的因素有哪些?

2. 造成不同尺寸金纳米粒子、金纳米棒溶液颜色差异的本质原因是什么?

3. 纳米粒子的表面等离激元现象可以应用于哪些领域的研究? 性能增强的机制是什么?

参考文献

实验二十七　C_{60} 衍生物的光化学合成和表征

实验目的

1. 了解富勒烯基本化学反应特性。
2. 了解光化学合成、液相柱色谱分离提纯方法。
3. 熟悉 NMR、UV-Vis、IR 等测试手段的运用。

实验基本原理

富勒烯(Fullerene)是全部由碳原子组成的一大类分子的总称。其中最具代表性的富勒烯分子是足球状的 C_{60}。1985 年首次报道之后即引起科学界的轰动。此后各国学者纷纷投入大量人力物力开展这方面的研究,随后又陆续发现了橄榄状、管状、洋葱状同系物。富勒烯是继石墨、金刚石之后被发现的第三种碳的同素异构体。

与以苯为基础形成芳香族化合物类似,以 C_{60} 为代表的富勒烯成为新一类丰富多彩的有机化合物的基础。富勒烯化合物以其独特的结构与性质在物理学、化学和材料科学等相关学科中开辟了全新的研究领域。以 C_{60} 为代表的富勒烯及其衍生物的制备、性质研究是富勒烯科学的一个重要分支,在富勒烯的开发应用中占有重要位置。

C_{60} 被认为是三维欧几里得空间可能存在的对称性最高、最圆的分子。C_{60} 分子的表面由 12 个五边形和 20 个六边形组成,整个分子的外形为具有 60 个顶点的球形 32 面体,其分子属 I_h 点群,所有 60 个碳原子全部等价,每个碳原子周围只有 3 个碳原子。上述性质使 C_{60} 分子非常坚固和稳定,它可以每小时 2.7 万千米的速度与刚性物体相撞而不破裂;在常压、空气条件下,C_{60} 固体加热到 450 ℃才开始燃烧。富勒烯类新材料的许多不寻常特性几乎都可以在现代科技和工业部门中获得实际应用,包括润滑剂、催化剂、研磨剂、高强度碳纤维、半导体、非线性光学材料、超导材料、光导体、高能电池、燃料、传感器、分子器件等。

C_{60} 分子的成键特征比金刚石和石墨复杂。由于球状表面的弯曲效应和五元环的结构,引起分子杂化轨道的变化。与石墨相比,π 电子轨道不再是纯的 p 原子轨道,而是含有部分 s 轨道的成分,因此 C_{60} 分子中 C 原子的杂化轨道处于 sp^2(石墨晶体)和 sp^3(金刚石晶体)杂化之间。C_{60} 分子中每个碳原子以 $sp^{2.28}$ 杂化形成 3 个 σ 键,再以 $s^{0.09}p$ 杂化形成离域 π 键,σ 键沿球面方向,π 键分布在球的内外表面,从而形成具有芳香性的球状分子。与苯分子中所有化学键等长所不同的是,C_{60} 分子的化学键分为两类:长键(五元环与六元环间),键长为 146 pm;短键(两个六元环间),键长为 139pm(与苯环中的碳碳键长相同)。C_{60} 分子的这种结构使其比苯更易于发生加成反应,生成一系列的加成化合物。

由于 C_{60} 分子是一个非极性分子,只在一些芳香性溶剂中有一定溶解度,但在极性有机溶剂中溶解度很小,在水中的溶解度则几乎为零,这在很大程度上限制了它的应用。氨基酸有很强的亲水性,它与 C_{60} 通过加成反应生成的衍生物能溶解于水,该类化合物在生命科学领域有重要意义。如 Wudl 等人合成了一个水溶性 C_{60} 衍生物,发现该衍生物对 HIV 蛋白酶有一定的抑制作用。文献报道的氨基酸与 C_{60} 的反应,要么采取氨基酸先与一个辅助试剂反应,生成活性中间体,然后再与 C_{60} 反应。如 Prato 等人报道的 1,3 偶极加成,就是氨基酸先与醛反应生成中间体,再与 C_{60} 反应;要么是用已有的衍生物上的官能团进一步与氨基酸反应,如 Wudl 等人报道的第一个 C_{60} 多肽衍生物。

本实验将亚氨基二乙酸甲酯在光照条件下直接与 C_{60} 反应,选择性地生成单加成衍生物。这一方法可推广到其他一系列 C_{60} 多氨多羧酸衍生物的合成。

亚氨基二乙酸甲酯与 C_{60} 的光化学反应方程式如下:

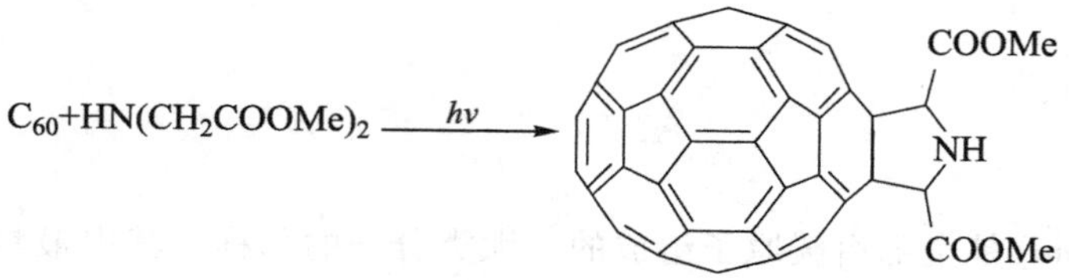

C_{60} 的 1,2 加成有两种可能的机理,一种是单电子加成,一种是自由基加成。前者如 Wudl 等人最先报道的胺类化合物与富勒烯的加成反应。

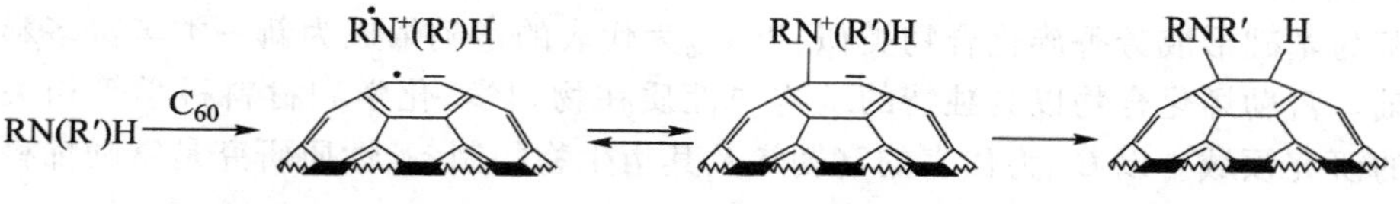

这是一个典型的单电子转移反应机理,氮上的孤对电子首先转移一个给 C_{60},从而生成上面机理中第一步产物的离子对,该离子对进一步转化将氮上的氢原子转移到 C_{60} 上。反应最后结果是 C_{60} 打开一个双键生成一个简单的 1,2-加成产物。

上面的机理显然不能解释本实验的结果。本实验的产物含有一个吡咯环,氮原子并不直接与 C_{60} 球成键。一个可能的机理如下:

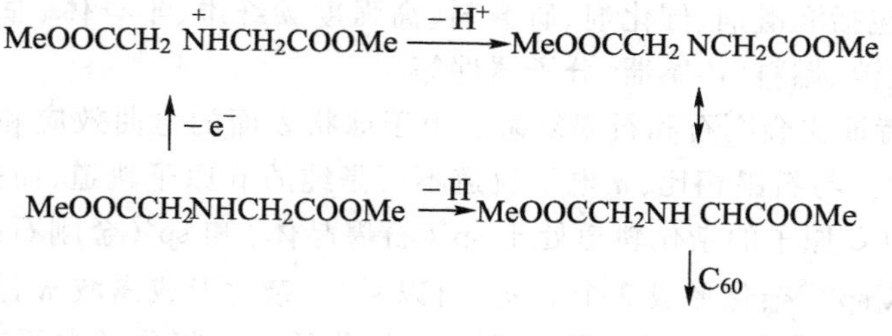

该机理与前一机理的最大差别在于第一步进攻 C₆₀球的是碳而不是氮。在氨基酸中由于既有氨基的推电子作用,又有羧基的拉电子作用,因此以碳为中心的自由基可以稳定存在。

仪器及试剂

1. 仪器:红外光谱仪;紫外-可见分光光度计;旋转蒸发仪;电子天平(毫克级);超声波清洗器;电磁搅拌器;灯箱;色谱柱 1 个(带活口塞,ϕ20 mm×200 mm,玻璃砂 100 目);回流冷凝管;磨口圆底烧瓶;烧杯;锥形瓶;量筒;双连球。

2. 试剂:C₆₀(纯度为 98%);亚氨基二乙酸($C_4H_7NO_4$);甲苯(C_7H_8);无水甲醇(CH_3OH);氢氧化钠(NaOH);盐酸(HCl);二氯亚砜($SOCl_2$);硅胶(柱色谱用 200~300 目);pH 试纸(1~14)。

实验步骤

1. 亚氨基二乙酸甲酯盐酸盐的合成。

将 1.0g 亚氨基二乙酸和 10 mL 无水甲醇共同加入 25 mL 磨口圆底烧瓶,搅拌下慢慢滴入 8 滴二氯亚砜 $SOCl_2$(约 0.4 mL),滴加过程中会产生大量盐酸气。用水浴加热回流 2h。于旋转蒸发仪上蒸干,所得固体即为亚氨基二乙酸甲酯盐酸盐,可直接用于下步反应。

2. C₆₀的光化学合成。

(1) 在 50 mL 烧杯中将亚氨基二乙酸甲酯盐酸盐(2.0mmol)与等物质的量的 NaOH 固体混合,加入约 10 滴水溶解,再加 15 mL 甲醇,超声波处理致出现混浊,将 pH 试纸用蒸馏水弄潮后测定该溶液的 pH,应为 8.5 左右,若超出可用 NaOH 固体或稀盐酸调节。

(2) 称取 70 mgC₆₀固体,置于 250 mL 锥形瓶中,加入 100 mL 甲苯,超声波处理使 C₆₀全部溶解,加入上面亚氨基二乙酸甲酯甲醇溶液,摇动使其混合均匀。此时清液应为紫色。如为棕色可再加少量甲苯使其变回紫色。制备好的溶液为混浊状(沉淀是什么)。

(3) 将反应瓶光照至溶液由紫色完全消失,变为红色(小于 60min),反应过程中应适当摇动反应液。

(4) 反应完毕加入 5 mL 蒸馏水于反应瓶中,摇动,用 1 个滴管分离除去水相,有机相用旋转蒸发仪蒸干,固体加 20 mL 甲苯,超声波处理,分出清液,若仍有固体未溶,可再用 20 mL 甲苯萃取。

3. C_{60} 和衍生物的柱色谱分离和收率的测定。

（1）在色谱柱中加 30 mL 甲苯,将硅胶用甲苯浸润后再慢慢倒入色谱柱。装柱时应避免气泡留在硅胶上。装好后检查硅胶上有无明显气泡和缺陷,如有可用双连球加压使甲苯快速从活塞流出以赶出气泡,或取下硅胶柱适当摇动。打开旋塞,放出上层甲苯,当甲苯液面逐渐下降至硅胶柱上层平面后,关上旋塞。硅胶高度 4~5 cm。用 1 个滴管从色谱柱柱壁慢慢加入前面反应的萃取液,待全部加完后,打开旋塞。当萃取液液面逐渐下降至硅胶柱上层平面时,再加甲苯淋洗,若淋洗速率太慢,可用双连球加压。按色带分别收集未反应的 C_{60} 和反应产物。

（2）用紫外-可见分光光度计分别测定未反应的 C_{60} 和反应产物甲苯淋洗液浓度,并计算 C_{60} 和产物质量。由于富勒烯及其衍生物吸光度都很大,测定时需要进行稀释（为避免浪费如何尽量少用溶剂）。标准曲线由实验课老师提供。

4. 产物的表征。

（1）用旋转蒸发仪分别蒸干 C_{60} 和产物的甲苯淋洗液。

（2）测定 C_{60} 和产物的 IR 谱。

（3）产物的 ^{1}HNMR 谱。

实验数据处理

1. 计算 C_{60} 转换率和产物产率。
2. 根据 C_{60} 和产物的红外光谱图,分析、讨论氨基酸与 C_{60} 加成反应的结果及产物结构。
3. 根据 C_{60} 和产物的紫外-可见光谱图,分析、讨论氨基酸与 C_{60} 加成反应的结果及产物结构。
4. 分析产物的核磁共振谱图,讨论氨基酸与 C_{60} 加成反应产物的结构。

实验说明

1. 甲醇对眼睛有害,富勒烯的毒性目前尚不十分清楚,应尽量避免直接接触皮肤。
2. 反应要在通风橱中进行,光照一段时间后反应液温度会逐渐升高至沸腾,此时应打开灯箱上的风扇适当降温;但温度太低也不利于反应进行。

思考题

1. 实验步骤 2 中,为什么需弄潮 pH 试纸后再测 pH? 溶液 pH 过高或过低各有什么不好?
2. 实验步骤 2(2) 中,什么情况下会出现棕色? 棕色物质是什么?
3. 预测产物的 ^{13}CNMR 图谱。
4. 在所得产物上再加一个相的取代基,会产生何种异构体?

参考文献

实验二十八　室温离子液体的制备及表征

实验目的

1. 了解离子液体的含义及其在有机合成中的应用。
2. 熟悉 1-甲基-3-丁基咪唑氢溴酸盐离子液体的制备方法及阴离子交换法。
3. 熟悉离子液体的性质及其表征手段。

实验基本原理

　　室温离子液体或称低温熔盐,特指在室温附近(0～100 ℃)呈液态的离子型化合物,简称离子液体,通常由体积较大的有机阳离子和体积较小的阴离子构成。此类物质具有很多独特性能,例如,物理化学性质稳定、蒸气压极低而不易挥发、对有机和无机物皆有良好的溶解性能及极性可调控等。由于离子液体这些优越的性能,其作为一类可替代传统有机溶剂的绿色溶剂而被广泛地研究,是绿色化学理念所提倡的绿色化学品。近年来,随着对离子液体的深入研究,离子液体在有机合成、催化、电化学、纳米材料、能源材料、分离科学和生命科学等诸多领域都有重要的应用价值,涉及化学、物理学、化工、材料科学、生物学、能源科学等诸多学科。

　　离子液体的制备方法一般是以叔胺、叔膦或氮杂环化合物(如咪唑、吡啶、吡咯等)和卤代烃、苯磺酸酯等烷基化试剂反应,生成相应的鎓盐离子液体,其合成方法是一个典型的有机合成过程。

　　本实验以 1-甲基咪唑为原料,通过氮杂环化合物与卤代烃发生典型的双分子亲核取代(S_N2)反应,合成 1-甲基-3-丁基咪唑氢溴酸盐。将合成的 1-甲基-3-丁基咪唑氢溴酸盐([BMIm]Br)与 KPF_6 在水溶液中反应,通过阴离子交换制备 1-甲基-3-丁基咪唑氟磷酸盐([BMIm]PF_6)。[BMIm]Br 和 KPF_6 的反应过程为典型的复分解反应,由于新相[BMIm]PF_6 不溶于水,使反应向右进行,利于复分解反应。

$$\text{咪唑} + C_4H_9Br \xrightarrow[\text{2h}]{\text{回流}} [\text{BMIm}]\ Br^- \tag{5-28-1}$$

$$[\text{BMIm}]\ Br^- + KPF_6 \longrightarrow [\text{BMIm}]\ PF_6^- \tag{5-28-2}$$

仪器及试剂

1. 仪器:电子天平;磁力搅拌器;旋转蒸发仪;圆底烧瓶;冷凝管;分液漏斗;玛瑙研钵。
2. 试剂:1-甲基咪唑($C_4H_6N_2$);1-溴丁烷(C_4H_9Br);氟磷酸钾(K_2PO_3F);乙醇(C_2H_6O)。

实验步骤

1. 1-甲基-3-丁基咪唑氢溴酸盐([BMIm]Br)的制备。

准确量取 2.0 mL(25.0mmol)1-甲基咪唑和 2.7 mL(25.0 mmol)1-溴丁烷置于 50 mL 圆底烧瓶中,轻轻摇晃几下使之混合均匀。将烧瓶装配上冷凝管,油浴加热至回流 2 h,反应完毕,反应混合液冷却到室温待用。

2. 1-甲基-3-丁基咪唑氟磷酸盐([BMIm]PF_6)的制备。

用玛瑙研钵磨细 KPF_6 固体,准确称取 4.6 g。向合成[BMIm]Br 的烧瓶中依次加入 20 mL 蒸馏水和 KPF_6,塞紧瓶塞,不断摇晃烧瓶 20 ~30 min,直至静置后出现清晰的两相界面,取下层透明溶液待用。

3. 产物的后处理。

使用分液漏斗,用水多次洗涤下层透明溶液除去生成的溴化钾,溶液转移到蒸馏烧瓶中,用旋转蒸发仪进行减压蒸馏,取下烧瓶,趁热将得到的黏稠液体转移到合适的盛放容器中。

4. 鉴定。

使用红外光谱表征其结构,波数在 3 170.6 cm^{-1} 和 3 118.3 cm^{-1} 处为咪唑环上 C—H 键的伸缩振动峰,位于 2 955.8 cm^{-1}、2 869.5 cm^{-1} 处为饱和烷基中 C—H 键的对称和不对称伸缩振动峰;位于 1 573.7 cm^{-1} 和 1 470.8 cm^{-1} 处为咪唑环骨架的振动峰,843 cm^{-1} 左右出现 PF_6 负离子的 P—F 的伸缩振动特征峰。另外合成的离子液体[BMIm]PF_6 的 4 000~3 200 cm^{-1} 范围内为没有 O—H 的特征吸收谱带,说明离子液体中不存在—OH,也就是离子液体中没有水,其为疏水性离子液体,如图 5-28-1 所示。

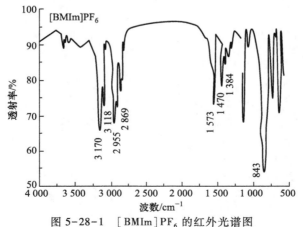

图 5-28-1 [BMIm]PF_6 的红外光谱图

实验数据处理

1. 使用红外光谱仪表征合成的离子液体 $[BMIm]PF_6$ 并作图。
2. 分别计算 $[BMIm]Br$ 和 $[BMIm]PF_6$ 两种离子液体的产率。

思考题

1. 何为离子液体,在有机合成中有哪些应用?
2. 与常见的有机溶剂相比,离子液体有什么优势?
3. 阴离子交换反应后如何判断产物纯? 怎样才能使反应更加完全?

参考文献

实验二十九　表面活性剂乳状液的生成、鉴别和破坏

实验目的

1. 用多种不同乳化剂制备不同类型的乳状液,并学习鉴别乳状液类型的基本方法。
2. 了解乳状液的基本性质及常规破乳方法。

实验基本原理

乳状液是一种分散体系,它是由一种或一种以上的液体以液珠的形式均匀地分散于另一种与它不相混溶的液体中而形成的。通常以液珠形式存在的一相称为内相(或分散相、不连续相),另一相称为外相(或分散介质、连续相)。

通常的乳状液一相为水或水溶液(简称为水相),另一相是有机相(简称为油相)。外相为水相、内相为油相的乳状液称为水包油型乳状液,以 O/W 表示,反之则为油包水型乳状液,以 W/O 表示。

为使乳状液稳定,要加入第三种物质(多为表面活性剂),此物质称为乳化剂。乳化剂的性质常能决定乳状液的类型,如碱金属皂可使 O/W 型稳定,而碱土金属皂可使 W/O 型稳定。有时将乳化剂的亲水、亲油性质用 HLB 值表示,此值越大,亲水型越强。HLB 值在 3~6 的乳化剂可使 W/O 型乳状液稳定,HLB 值在 8~18 的乳化剂可使 O/W 型乳状液稳定。欲使某液体形成一定类型的乳状液,对乳化剂的 HLB 值有一定要求。当集中乳化剂混合使用时,混合乳化剂的HLB 值和单个乳化剂的 HLB 值有下述关系。

$$混合乳化剂\ HLB = \frac{ax+by+cz+\cdots}{x+y+z+\cdots} \tag{5-29-1}$$

式中 $a,b,c,\cdots$ 表示单个乳化剂的 HLB 值;$x,y,z,\cdots$ 表示各单个乳化剂在混合乳化剂中占的质量分数。

鉴别乳状液类型的方法有:

(1) 染色法:选择一种只溶于水(或只溶于油)的燃料加入乳状液中,充分振荡后,观察内相和外相的染色情况,再根据染料的性质判断乳状液的类型。例如,苏丹 Ⅲ 是溶于油的染料,加入乳状液中若能使内相着色,则为 O/W 型。

(2) 稀释法:乳状液易于与其外相相同的液体混合。将 1 滴乳状液滴入水中,若很快混合则为 O/W 型。

（3）电导法：O/W 型乳状液比 W/O 型乳状液导电能力强。

乳状液的界面自由能大，是热不稳定体系。即使加入乳化剂，也只能相对地提高乳状液的稳定性。用各种方法使稳定的乳状液分层、絮凝或将分散介质、分散相完全分开统称为破乳。

仪器及试剂

1. 仪器：直流电源；毫安表；显微镜；离心机；搅拌器；试管；烧杯；量筒；表面皿；测生存时间用移液管；离心管；锥形瓶；滴定管。

2. 试剂：十二烷基硫酸钠（$C_{12}H_{25}SO_4Na$）；甲苯（C_7H_8）；Tween-20；明胶；氢氧化钠（NaOH）；椰子油；油酸（$C_{18}H_{34}O_2$）；油酸钠（$C_{17}H_{33}CO_2Na$）；机油；丙酮（C_3H_6O）；橄榄油；苏丹Ⅲ；煤油；碳酸钙（$CaCO_3$，细粉）；消化纤维；乙酸戊酯（$C_7H_{14}O_2$）；甘油（$C_3H_8O_3$）；二硫化碳（CS_2）；硼砂（$Na_2B_4O_7 \cdot 10H_2O$）；蜂蜡；液体石蜡；石油醚（60~90）；Span-20；十六醇（$C_{16}H_{34}O$）；硬脂酸锌（$C_{36}H_{70}O_4Zn$）；三氯化铝（$AlCl_3$）；氯化钡（$BaCl_2$）；Triton-100；三乙醇胺（$C_6H_{15}NO_3$）；乙醇（C_2H_5OH）；氯化钠（NaCl）；盐酸（HCl）；正丁醇（$CH_3(CH_2)_3OH$）（或正戊醇（$CH_3(CH_2)_4OH$））。

实验步骤

一、 乳状液制备方法验证

1. 人工摇动法。

（1）在 20 mL 试管中加入 2%十二烷基硫酸钠水溶液 5 mL，逐滴加入甲苯，每加入约 0.5 mL 摇动 30 s，至加入 5 mL 为止。观察所得乳状液的外观，滴一小滴在玻璃片上，用显微镜（2×10）观察之。

（2）在 20 mL 试管中加入 2%Tween-20 水溶液 5 mL，逐滴加入甲苯，随时摇动，至加入 5 mL 为止。用显微镜观察所得乳状液的外观。

（3）在 20 mL 试管中加入 1%明胶水溶液 5 mL，在水浴上加热至 40 ℃，将 5 mL 甲苯分数次加入，并激烈摇动。观察所得乳状液的外观，静止 1~2h 后再观察之。

2. 瞬间成皂法。

（1）在试管中加入 0.1 mol·L^{-1}NaOH 水溶液 5 mL，逐滴加入 2 mL 椰子油，稍加摇动观察之。

（2）在试管中加入 0.1mol·L^{-1}NaOH 水溶液 5 mL，逐滴加入 0.9%油酸钠水溶液 5 mL，逐滴加入甲苯 5 mL，观察之，比较以上两种乳状液的稳定性。

3. 改换介质法。

（1）取 1%的机油-丙酮溶液 3 mL，在摇动下加入 10 mL 的水中，观察所得的乳状液。

（2）取 1%的橄榄油-丙酮溶液 3 mL，在强烈搅拌下逐滴加入 12 mL 水中，观察之。

二、 乳状液的制备

1. 浓乳状液的制备。

在 100 mL 刻度量筒中加入 1 mL 5%的油酸钠水溶液,从滴定管中逐滴加入苏丹Ⅲ染色的煤油,用力摇动或搅拌。加煤油的速度要极慢,不使煤油积累在乳状液的表面上,直至有约 0.5 mL 煤油不再乳化时,停止加煤油,记下被 1 mL 油酸钠溶液所乳化的煤油体积 V,按下式计算乳状液的体积分数 φ。

$$\varphi = [V/(V+1)] \times 100\% \tag{5-29-2}$$

2. 粉末乳状液的制备。

在 10 mL 试管中加入 5 mL 甲苯,加入 1~1.5 mL 水及 0.3~0.5 g $CaCO_3$ 的极细粉末,激烈摇动,观察所得乳状液。

3. 透明及彩色乳状液的制备。

在 20 mL 试管中加入 20%的消化纤维-乙酸戊酯溶液 4 mL,逐滴加入 4 mL 甘油,不时激烈摇动。观察所得乳状液的颜色,再加入 2 mL CS_2,摇动后观察之。然后再加入适量的甘油使其变得较稠,再逐滴加入 CS_2,激烈摇动,直至有颜色出现,继续加入 CS_2,可观察到颜色的变化。再逐渐加入乙酸戊酯,又可看到相反的颜色变化。

4. 冷霜的制备。

取 0.25g 硼砂溶于 10 mL 水中,另取 4.5 g 蜂蜡溶于 10 g 液体石蜡中(需加热方可溶)。当蜂蜡溶液尚未冷却时,在激烈搅拌下将蜂蜡溶液滴入硼砂水溶液中,冷却后即得冷霜,若加入适量香精效果更加。

5. 混合乳化剂的使用。

(1) 在 20 mL 试管中加入 5 mL 石油醚,逐滴加入 2 mL 2%的 Tween-20 水溶液,摇动 1 min。在另一试管中加入 5 mL 石油醚,逐滴加入 0.5 mL 2%Tween-20 水溶液和 1.5 mL 2%Span-20 水溶液,摇动 1 min。比较二试管中乳状液的乳化效果和稳定性。

(2) 在试管中加入 5 mL 1%十二烷基硫酸钠水溶液,激烈摇动下逐滴加入 5 mL 甲苯,再摇动 1 min。在另一试管中加入 5 mL 1%十二烷基硫酸钠水溶液,在激烈摇动下逐滴加入 5 mL 9%的十六醇-甲苯溶液,再摇动 1 min。比较以上两种情况的乳化效果和乳状液的稳定性。

(3) 已知欲使甲苯形成 O/W 型乳状液,要求乳化剂的适宜 HLB 值为 12.5。现有油酸钠(HLB 值为 18)和 Span-20(HLB 值为 8.6)两种乳化剂,通过试验比较单独使用和混合使用时的效果。每次均取 10 mL 2%的乳化剂水溶液,在摇动下向其中滴加 5 mL 甲苯,加完后再摇动 1min。

① 10 mL2%油酸钠水溶液中滴加 5 mL 甲苯;

② 10 mL2%Span-20 水溶液中滴加 5 mL 甲苯;

③ 10 mL2%油酸钠水溶液和 2%Span-20 的水溶液混合物中滴加 5 mL 甲苯,油酸钠水溶液和 Span-20 水溶液各取的体积按基本原理中所述公式计算。

比较以上 3 种情况的乳化效果和所得乳状液的稳定性。

三、 乳状液类型的鉴别

1. 用实验所制备的乳状液,依下述两种方法鉴别其类型。

(1) 在两小表面皿中分别加入少许水和甲苯,滴 1 滴乳状液于其中,观察乳状液液滴与水或甲苯的混合情况,判断乳状液的类型。

（2）在试管中加入乳状液 5 mL，加入 5 滴苏丹Ⅲ的甲苯溶液，激烈摇动 1 min。滴一小滴此液在载玻片上，在显微镜下观察分散相和分散介质的着色情况，判断乳状液的类型。

2. 将 2 g 干燥的硬脂酸锌在加热下溶于 10 mL 石油醚中，冷却后在激烈摇动下加入 10 滴（约 0.5 mL）水。用三中 1 的两种方法判断所得乳状液的类型。

四、乳状液的变型

1. 由于 O/W 型乳状液导电性比 W/O 型好，故用电导法研究乳状液的变型较为方便。

在试管中加入 10 mL 2%的油酸钠水溶液，在摇动下逐滴加入 10 mL 甲苯，再加入约 0.2 g NaCl 以增加导电能力。将所得乳状液倒入烧杯中，接通线路测电流值。

将乳状液再倒回试管中，加入 1 滴 $AlCl_3$ 的饱和水溶液，充分摇动后倒回烧杯，接通电路测电流，与未加 $AlCl_3$ 时作比较。逐渐加大 $AlCl_3$ 用量，再测电流值，直至电流为零或最小。

2. 取实验步骤一中 1 所制备的乳状液，用稀释法判断其类型。向 5 mL 此溶液中加入 2~3 滴 0.25 mol·L^{-1}的 $BaCl_2$ 水溶液，充分摇动后再用稀释法判断其类型。

3. 取 10 mL 0.1%的 NaOH 水溶液，逐滴加入 10 mL 0.9%的油酸-甲苯溶液，并不时摇动，用染色法判断所得乳状液的类型。取此乳状液 5 mL，逐滴加入 40% $AlCl_3$ 水溶液，充分摇动后再用染色法判断类型。

五、乳状液的稳定性

1. 离心分离法比较乳状液的稳定性。

（1）在一小烧杯中加入 5 mL 1%油酸钠水溶液，在固定的转速下搅拌，逐滴加入 5 mL 甲苯，1 min加完，再继续搅拌 4 min。

（2）在另一烧杯中加入 5 mL 0.5%NaOH 水溶液，用与上述相同的条件加入 5 mL 0.5%油酸-甲苯溶液。

将上二乳状液分别倒入 2 支离心管中，在 2 000 rpm 条件下离心 0.5 min、1 min 和 3 min 后观察分层情况，比较它们的稳定性。

2. 生存时间法比较乳状液的稳定性。

生存时间是指分散相液滴在分散相和分散介质界面上稳定存在（即分散相液滴未并入分散介质）的时间，用生存时间的长短可比较乳状液的稳定性。

具体方法如下：

在一小烧杯中放一层分散相的液体，上面倒入分散介质的液体。在一带活塞的储液管吸入一些分散相液体，将储液管下端插入分散介质内，在保持稳定的条件下，缓慢地扭动活塞，当一滴液体滴入时开始计时，测液滴在界面上存在的时间，测定 10~20 滴的结果取平均值。

在 50 mL 小烧杯中放入 10 mL 1%十二烷基硫酸钠水溶液，开动搅拌器，在 1 min 内滴入 5 mL 甲苯，再搅拌 4 min。

按同样的方法制备 1%Tween-20、Span-20 和 TritonX-100 为乳化剂的乳状液，放置半小时比较分层情况。

分别测定甲苯在 4 种乳化剂水溶液中的生存时间。

3. 根据液珠大小分布情况比较乳状液的稳定性。

用显微镜法测定液珠大小分布直观方便。方法是,将乳状液用分散介质冲稀至合适的浓度(如 $\varphi = 0.05$ 左右),取 1 mL 乳状液与 1 mL 10%明胶水溶液(作固定液用)混合,滴一滴在载玻片上用适当倍数的显微镜观察。目镜标尺事先要用标准刻度尺校正,数 300~500 个液珠,统计出<1 μm、1~2 μm、2~3 μm、>10 μm 的液珠的数目。一般来说液珠越小,越均匀,体系就越稳定。

以剂在油中法、剂在水中法和瞬间成皂法 3 种乳化剂加入方法制备相同组成的乳状液。用离心法和显微镜法测定液珠大小分布来比较它们的稳定性。

(1)在小烧杯中放入 17 mL 水,搅拌下将 0.5 g 三乙醇胺、0.5 g 油酸和 7.2 g 液体石蜡混合液 1 min 内加入,再搅拌 4 min(剂在油中法)。

(2)在小烧杯中放入 0.5 g 三乙醇胺、0.5 g 油酸和 17 mL 水,与五中 3(1)相同条件加入 7.2 g 液体石蜡(剂在水中法)。

(3)在小烧杯中放入 0.5 g 三乙醇胺和 17 mL 水与五中 3(1)相同条件下加入 0.5 g 油酸、9.2 g 液体石蜡混合液(瞬间成皂法)。

将 3 个乳状液用离心机在 2000 rpm 下离心,观察 1 min、2 min、3 min 后分层情况。

在显微镜下测定 3 种乳状液液珠大小分布情况,画出分布曲线。并与离心法得的结果作比较。

六、　乳状液的破坏

1. 电解质的影响。在激烈搅拌下将 3 mL 1%的橄榄油—酒精溶液逐滴加入 30 mL 水中,得到较稳定的乳状液。在 3 个 50 mL 锥形瓶中各加入上述乳状液 10 mL,分别用 0.1 mol·L^{-1}NaCl 溶液、0.025 mol·L^{-1}BaCl$_2$ 溶液、0.000 33 mol·L^{-1}AlCl$_3$ 溶液滴定至开始分层,记下所消耗电解质溶液的体积,计算使此种乳状液破坏所需电解质最小浓度,并求出此三个最小之比值。

2. 向 10 mL 0.1 mol·L^{-1}NaOH 水溶液中滴入 10 滴椰子油,摇动后得到稳定的乳状液。取此乳状液 5 mL 加入 5~10 滴 10%HCl 溶液,摇动后静止观察。

3. 取上步所得乳状液 5 mL,加入 2 mL 正丁醇或正戊醇,充分摇动后静止观察。

实验结果和讨论

1. 指出制备的各种乳状液内相、外相及乳化剂各是什么。
2. 分析各乳状液变型原因,说明判断类型各种方法的根据。
3. 分析各种乳状液破坏的原因。
4. 分析所安排实验所得结果。

思考题

1. 乳状液破坏的物理方法和化学方法有哪些?

2. 什么是多重乳状液,其制备方法有哪些?

3. 鉴别乳状液的类型对实际生产有什么指导意义?

参考文献

附录　实验室安全

一、安全用电常识

1. 关于触电。

人体通过 50 Hz 的交流电 1 mA 就有感觉,10 mA 以上使肌肉强烈收缩,25 mA 以上则呼吸困难,甚至呼吸停止,100 mA 以上则使心脏的心室产生纤维颤动,以致无法救活,直流电在通过同样电流的情况下,对人体也有相似的危害。

防止触电需注意:

(1) 操作电器时,手必须干燥,因为手潮湿时,电阻显著减小,容易引起触电,不得直接接触绝缘不好的通电设备。

(2) 一切电源裸露部分都应有绝缘装置(电开关应有绝缘匣,电线接头裹以胶布、胶管),所有电器设备的金属外壳应接上地线。

(3) 已损坏的接头或绝缘不良的电线应及时更换。

(4) 修理或安装电器设备时,必须先切断电源。

(5) 不能用试电笔去试高压电。

(6) 如果遇到有人触电,应首先切断电源,然后进行抢救,因此,应该了解清楚电源总闸的具体位置。

2. 负荷及短路。

实验室总电闸一般允许最大电流为 30~50 A,一般实验台上分闸的最大允许电流为 15 A,使用功率很大的仪器,应该事先计算电流量,否则长期使用超过规定负荷的电流时,容易引起火灾或其他严重事故。

为防止短路,应避免导线间的摩擦,尽可能不使电线、电器受到水淋或浸在导电的液体中。例如,实验室中常用的加热器如电热刀或电灯泡的接口不能浸在水中。

若室内有大量的氢气、煤气等易燃易爆气体时,应防止产生电火花,否则会引起火灾或爆炸,电火花经常在电器接触点(如插销)接触不良、继电器工作时及开关电闸时发生,因此应注意室内通风;电线接头要接触良好,包扎牢固以消除电火花,在继电器上可以连一个电容器以减弱电火花等。一旦着火,则应首先拉开电闸,切断电路,再用相应方法灭火;如无法拉开电闸,则用砂土、干粉灭火器或 CCl_4 灭火器等灭火,决不能用水或泡沫灭火器来灭电火,因为它们导电。

3. 使用电器仪表。

(1) 注意仪器设备所要求的电源是交流电,还是直流电、三相电,或是单相电,电压的大小

（380 V、220 V、110 V、6 V 等），功率是否合适及正、负接头等。

（2）注意仪表的量程，待测量必须与仪器的量程相适应，若待测量大小不清楚时，必须先从仪器的最大量程开始。例如，某一毫安培计量程为 7.5−3−1.5mA，应衔接在 7.5mA 接头上，若灵敏度不够，可逐次降到 3mA 或 1.5mA。

（3）线路安装完毕应检查无误，正式实验前，不论对安装是否有充分把握（包括仪器量程是否合适），总是先使线路接通一瞬间，根据仪表指针摆动速度及方向加以判断，当确定无误后，才能正式进行实验。

（4）不进行测量时，应断开线路或关闭电源，这样，既省电又延长仪器寿命。

二、 使用化学药品的安全防护

1. 防毒。

化学药品一般都具有不同程度的毒性，因此，要尽量减少直接接触化学药品，以避免其中有毒成分通过皮肤、呼吸道和消化道进入体内。

（1）实验前应了解所用药品的性能（尤其是毒性）和防护措施。

（2）操作有毒气体（如 H_2S、Cl_2、Br_2、NO_2）及浓盐酸、氢氟酸等，应在通风橱中进行。

（3）防止天然气管、天然气灯漏气，使用完天然气后，一定要把闸门关好。

（4）苯、四氯化碳、乙醚、硝基苯等的蒸气会引起中毒，虽然它们都有特殊气味，但经常久吸后会使人嗅觉减弱，必须高度警惕。

（5）用移液管移取有毒、有腐蚀性液体时（如苯、洗液等），严禁用嘴吸。

（6）有些药品（如苯、有机溶剂、汞）能经皮肤渗透入体内，应避免直接与皮肤接触。

（7）高汞盐〔$HgCl_2$、$Hg(NO_3)_2$ 等〕、可溶性钡盐（$BaCl_2$）、重金属盐（镉盐、铅盐）及氰化物、三氧化二砷等剧毒物，应妥善保管。

（8）不得在实验室内喝水、抽烟、吃东西，饮食用具不得带到实验室内，以防毒物沾染，离开实验室时要洗净双手。

2. 防爆。

可燃性的气体与空气的混合物，当两者的比例处于爆炸极限（体积分数 φ）时，只要有一个适当的热源（如电火花）诱发，将引起爆炸，表 1 列出某些气体与空气混合的爆炸极限（20 ℃、101325Pa）。

表 1　与空气混合的某些气体的爆炸极限

气体	爆炸高限 φ/%	爆炸低限 φ/%	气体	爆炸高限 φ/%	爆炸低限 φ/%
氢	74.2	4.0	醋酸	—	4.1
乙烯	28.6	2.8	乙酸乙酯	11.4	2.2
乙炔	80.0	2.5	一氧化碳	74.2	12.5
苯	6.8	1.4	水煤气	72	7.0
乙醇	19.0	3.3	煤气	32	5.3
乙醚	36.5	1.9	氨	27.0	15.5
丙酮	12.8	2.6			

因此应尽量防止可燃性气体散失到室内空气中,同时保持室内通风良好,不使它们形成可爆炸的混合气,在操作大量可燃性气体时,应严禁使用明火,严禁用可能产生电火花的电器及防止铁器撞击产生火花等。

另外,有些化学药品,如叠氮铅、乙炔银、乙炔铜、高氯酸盐、过氧化物等,受到震动或受热容易引起爆炸,特别应防止强氧化剂与强还原剂存放在一起,久藏的乙醚使用前,需设法除去其中可能产生的过氧化物,在操作可能发生爆炸的实验时,应有防爆措施。

3. 防火。

物质燃烧需具备三个条件:① 可燃性物质;② 氧气或氧化剂;③ 一定的温度。

许多有机溶剂,像乙醚、丙酮、苯、二硫化碳等很容易引起燃烧,使用这类有机溶剂时,室内不应有明火(以及电火花、静电放电等),实验室不可存放过多这类药品,用后要及时回收、处理,且不要倒入下水道,以免积聚引起火灾等,还有些物质能自燃,如黄磷在空气中就能因氧化而自行升温燃烧起来,一些金属,如铁、锌、铝等的粉末由于比表面积很大,能激烈地进行氧化,自行燃烧,金属钠、钾、电石及金属的氢化物、烷基化合物等,也应注意存放和使用。

一旦发生火情,应冷静判断情况,采取措施,如采取隔绝氧的供应,降低燃烧物质的温度,将可燃性物质与火焰隔离的办法。常用来灭火的有水、沙及二氧化碳灭火器、四氯化碳灭火器、泡沫灭火器、干粉灭火器等,可根据着火原因、场所情况正确选用。

水是最常用的灭火物质,可以降低燃烧物质的温度,并且形成"水蒸气幕",能在相当长时间内阻止空气接近燃烧物质,但是,应注意起火地点的具体情况。

(1) 有金属钠、钾、镁、铝粉、电石、过氧化钠等,采用干沙等灭火。

(2) 对易燃液体(密度比水小,如汽油、苯、丙酮等)的着火,采用泡沫灭火器更有效,因为泡沫比易燃液体轻,覆盖在上面可隔绝空气。

(3) 在有灼烧的金属或熔融物的地方着火,应采用干沙或固体粉末灭火器(一般是在碳酸氢钠中加入相当于碳酸氢钠质量的 45% ~ 90% 的细砂、硅藻土或滑石粉,也有其他配方)来灭火。

(4) 电气设备或带电系统着火,用二氧化碳灭火器或四氯化碳灭火器较合适。

上述四种情况均不能用水,因有的可以生成氢气等,使火势加大甚至引起爆炸,有的会发生触电等;同时也不能用四氯化碳灭碱土金属的着火。另外,四氯化碳有毒,在室内救火时最好不用,灭火时不能慌乱,应防止在灭火过程中再打碎可燃物的容器,平时应知道各种灭火器材的存放地点。

4. 防灼伤。

强酸、强碱、强氧化剂、溴、磷、钠、钾、苯酚、冰醋酸等都会腐蚀皮肤,尤其应防止它们溅入眼内,液氮、干冰等物质,低温也会严重灼伤皮肤,一旦受伤,要及时治疗。

5. 防水。

有时因故停水而水门没有关闭,当来水后若实验室没有人,又遇排水不畅,则会发生事故,如淋湿甚至浸泡仪器设备,有些试剂如金属钠、钾、金属氢化物、电石等遇水还会发生燃烧、爆炸等。因此,离开实验室前,应检查水、电、天然气开关是否关好。

读者意见反馈

　　为收集对教材的意见建议，进一步完善教材编写并做好服务工作，读者可将对本教材的意见建议通过如下渠道反馈至我社。

　　咨询电话　　400-810-0598
　　反馈邮箱　　hepsci@pub.hep.cn
　　通信地址　　北京市朝阳区惠新东街4号富盛大厦1座
　　　　　　　　高等教育出版社理科事业部
　　邮政编码　　100029